贴附通风理论及设计方法

李安桂　著

U0337940

中国建筑工业出版社

图书在版编目（CIP）数据

贴附通风理论及设计方法/李安桂著. —北京：中国
建筑工业出版社，2020.3
ISBN 978-7-112-24723-3

Ⅰ. ①贴… Ⅱ. ①李… Ⅲ. ①房屋-通风-气流分
布-建筑设计 Ⅳ.①TU834.3

中国版本图书馆 CIP 数据核字（2020）第 023278 号

责任编辑：张文胜
责任校对：李欣慰

贴附通风理论及设计方法

李安桂 著

*

中国建筑工业出版社出版、发行（北京海淀三里河路 9 号）
各地新华书店、建筑书店经销
霸州市顺浩图文科技发展有限公司制版
廊坊市海涛印刷有限公司印刷

*

开本：850×1168 毫米　1/32　印张：6¼　字数：172 千字
2020 年 5 月第一版　　2020 年 5 月第一次印刷
定价：**25. 00** 元
ISBN 978-7-112-24723-3
（35134）

前　　言

从室内环境控制的角度，围护结构将"世界"分成了室外和室内两部分：室外气候环境由大自然主导，而室内环境的保障则主要是人工环境学科、暖通空调行业的任务和使命。通风是室内空气环境保障的主要手段之一。通风，实质上就是研究由人体、生产工艺过程产生的热对流与有组织气流之间相互作用的科学。

本书阐述的贴附通风理论是关于空气沿壁面流动的力学理论，关注的是室内空气运动的流体动力学问题。

房间、生产车间或任何空间都可以看作是"空气区"，空气区内设备和生产过程产生的气流是多样化的，而且通常都是不可见的。通风的目的就是通过送风射流与这些气流的相互作用，保障空间中的空气参数，如温度 t、流速 u 等，满足人们生活或工业生产需求。换言之，通风是根据不同调控对象的需求，科学地控制给定空间的环境参数及空气流动——室内气流组织，来创造适合人类生活与工作的舒适、健康与节能的建筑环境，其范围涉及从人们的衣食住行、工农业生产，到航空航天等各行各业的生活或生产环境。

空调发明百余年来，传统的气流组织主要有混合通风和置换通风两种形式：

混合通风以消除室内全部负荷为目标，由机械力（一般与热羽流浮升力"相反"）驱动空气流动，送风与室内空气强烈掺混，可以达到全室的温湿度均匀分布，温度效率较低。

置换通风则主要以消除部分负荷即工作区的冷热负荷为目的，保障工作区服务对象的舒适或生产要求。热浮升力与机械力具有"协同"作用，较少发生室内的强烈掺混，温度效率较高。

然而，置换通风（下部送风）造价高且存在占用下部有效空间（安装静压箱及管道系统）的弊端，且负担相同的冷负荷，系统风量较大，末端能耗高。

为解决现有通风模式的弊端，同时很好地利用建筑内部构造，提出了一种新型的通风模式——竖壁、柱壁贴附通风。贴附通风融合了传统混合通风和置换通风的优势，它以消除工作区负荷，保障控制区环境为目标，克服了高负荷大空间应用传统混合、置换通风方式的弊端，从某种意义上实现了通风模式的新突破。

笔者提出竖壁、柱壁贴附通风20余年来，持续不断地致力于贴附通风气流组织的理论、方法及技术研究。从定性流型示踪、2D-PIV贴附通风系列参数测试、CFD模拟及现场测试，查明了送风速度、温度等对竖壁贴附送风及空气湖通风模式的影响和气流流动机制，建立了贴附通风特征参数关联式，提出了竖壁、柱壁贴附通风设计方法。

全书共6章，第1章介绍了气流组织与室内环境评价，第2章给出了贴附通风原理及气流流型，第3章阐述了等温贴附通风空气分布机理，第4章提出了非等温贴附通风空气分布机理，第5章阐述了适用于"变工作区"的贴附通风及曲面通风，最后一章给出了贴附通风设计方法及案例。

近年来，贴附通风的相关内容理论及技术纳入《Industrial Ventilation Design Guidebook》（《工业通风设计指导手册》）、《实用供热空调设计手册》等。理论指导工程实践，实践验证理论。贴附通风理论与技术指导了地铁站、高铁站、办公建筑、水电工程及设施农业等各类空间的贴附通风气流组织设计，在工业及民用建筑、国防工程等领域得到了越来越多的应用。

时光荏苒，白驹过隙。20余年来在贴附通风的探索研究过程中，得到了国家自然科学基金、"十二五"国家科技支撑计划等支持。本书承潘云钢、戎向阳、周敏教授级高级工程师审阅，丹麦技术大学Arsen Melikov教授审阅了本书英文版，在此谨表谢忱。笔者辅导过的研究生，现同行或同事们，包括但不限于尹海国、杨长青、宋高举、张旺达、张如春、刘艳鹏、邱少辉、王国栋、崔巍峰、王翔、张华、王小巍、刘志永、曹雅蕊、孙翼翔、要聪聪、杨静、陈厅、吴瑞、李佳兴等，他们在笔者的指导下完成了与贴附通风相关的学位论文课题研究，某些研究成果融入了本书；研究生贺肖杰、韩欧、杨浩男为本书成稿做了大量辅助性工作，在此一并感谢。

2019 年 10 月

目　　录

第 ① 章

通风气流组织与室内环境评价

通风，其实质是实现人工环境换气的科学，也就是研究由人体、生产工艺过程引起的自然热对流与有组织气流运动及其相互作用关系的科学。本书研究的贴附通风理论是关于室内空气沿壁面流动的力学理论，也正是工程师们关心的关于室内空气运动的流体动力学问题。

房间、生产车间或任何围合空间都可以看作是"空气区"，空气区内设备和生产过程产生的气流是多样化的。通风的目的就是，通过送风射流和这些气流的相互作用，保障空间的空气参数，如温度、流速等，满足生活或生产需求。

通风的任务就是组织能保证有限空间内产生事先拟定的温度场、速度场及浓度场的换气。机械通风时，空气由空气分布器（进风口）送入，或者由风道的孔口送入，且空气是以射流的形式有组织地送入既定空间。利用射流将热气流（多余的热量）或有害污染物稀释、吹移到一定的区域，然后再有组织地将其排除。

ASHRAE 对室内气流组织（Air Distribution）的定义为"Room air distribution systems are intended to provide thermal comfort and ventilation for space occupants and processes"[1]。从广义上说，气流组织是对任何既定空间空气的流动形态进行合理分配，满足其空气温度、湿度、流速，以及舒适感等要求[2]。"既定空间"既包括常见的工业与民用建筑室内空间，也包括航

1

空航天、交通运输环境及农业环境等所涉及的围合或半围合区域。

通风空调技术应用百余年来，从宏观上看，常用的射流送风有从顶部以较高风速向下吹送、基于稀释原理的混合通风，以及从下部以较低风速向上吹送、基于置换原理的置换通风。本章将简要介绍它们的优缺点及评价指标，提出一种高效的通风气流组织模式——竖壁、柱壁贴附通风模式。

1.1 通风气流组织方式

创造适宜的居住环境与人类文明的发展进步密切相关，通风作为室内环境控制的重要方法之一，从古至今一直受到人们的广泛重视。良好的室内空气环境是通过组织通风气流的合理流动来实现的。可以说，通风是暖通空调领域古老而重要的课题[3-7]。自古以来，通风技术的进步与人类改善自身居住环境的追求相伴相随。在当代社会，通风仍然是控制居住污染及工业污染问题的主要手段。通风气流组织研究属于流体力学的研究范畴，发展至今，已经有一套较为完整的研究范式[8-11]：实际问题→流体力

学及传热学模型→$\left\{\begin{array}{c}\text{数学模型→计算求解}\\\text{试验分析}\end{array}\right\}$→规律和工程方案。

鉴于通风气流的本质——湍流运动的复杂性及工程中边界条件的多样性，可以预见，未来仍然是研究的热点和难点之一。

如何以低能耗营造健康舒适的室内空气环境是面临的挑战性问题之一。换言之，温湿度适宜、空气品质优良、低能耗的室内空气环境营造既涉及合理的冷热源系统及空气处理方案，还必须具有良好的空气分布[12,13]。

建筑气流组织是室内环境控制系统的最终体现，也是营造舒适室内环境最直接的终端技术。一方面，它直接关系到调控区域的最终效果；另一方面，也事关需求侧的供冷、供热负荷，即通

风空调系统的能耗。例如，传统的混合通风气流组织需承担全部的空间负荷，而置换通风方式则仅需承担部分的空间（工作区）负荷。

通风空调气流组织是理论和技术的复杂组合，从保障调控对象（人体、生产过程）对环境需求的角度出发，综合应用流体力学、传热学等理论方法，科学合理地设计气流路径、空气分布器形式及位置，在空间内形成适宜的风速场、温度场、湿度场及污染物浓度场（分布）[14-16]。

通风气流涉及两大类问题：

通风气流流动——考虑室内空间或存在障碍物时，通风射流在受限空间的运动规律，换言之，也即通风气流速度在时间、空间中的变化。

通风气流换热——考虑热源存在时，通风气流流动机械驱动力和热浮升力之间的热量传递过程、温度分布，也即通风气流温度在时间、空间中的变化。

从力的角度看，气流组织的实质是控制机械力和热浮力相互作用的过程，其影响因素包括送风量、送风温度、风口类型及射程等，例如，地板送风速度会影响室内空气混合程度。通风空调系统温度效率则与气流组织的效果密切相关。

从空调诞生百余年来，室内空间（广义围合空间）气流组织的主要形式为混合通风和置换通风两大类[17]，图 1-1 简明示出了各种气流组织的原理及室内垂直温度分布。

混合通风理论的出发点为稀释原理，从"作用力"角度而言，机械力为驱动输送空气与室内空气混合达到设计参数的源动力。机械力一般与室内热羽流浮升力方向"相反"——送风与室内空气强烈掺混，基本上不存在热分层现象，全空间温湿度均匀分布[2,19]，如图 1-1（a）所示。混合通风主要以消除全室（全空间）的冷热负荷为目标，工作区多处于湍流态的回流区，空气品质趋近于回风状况，该气流组织具有"大漫灌"特点，通风效率较低[17-23]。但其送风装置位于空间上部区域，具有不占用工

3

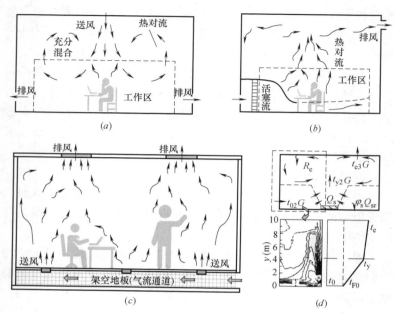

图 1-1　各种气流组织原理及室内垂直温度分布

（a）混合通风；（b）置换通风（底部侧送）；（c）置换通风（地板送风）；

（d）底部集中热源，置换通风室温分布形态[18]

作区空间的特点。

置换通风系利用底部侧送或地板送风，由下至上地置换室内（热）污染空气，从"作用力"来看，置换通风考虑了热浮升力与机械力的"协同"作用。机械送风动量一般与热浮力同向且具有同等量级，送风与室内空气不发生混合或者仅存在少量混合[1]，如图 1-1（b）～（d）所示。该通风形式可以实现较好的空气品质，消除控制区的冷热负荷，保障调控对象的生活或生产需求。工作区气流与上部区域空气会产生热分层现象，垂直方向的热分层高度则主要取决于送风位置、总送风量及热负荷之间的平衡[17-25]。

置换通风由于送风温差较小（2.0～4.0℃），送风速度较低（0.1～0.3m/s），负担相同冷负荷时，系统风量较大，末端能耗高、占用工作区有效空间[26]。此外，设计不当易造成室内人员的吹风感[27]。置换通风仅适用于空调送冷风工况①，或者在供暖场合，作为新风系统与辐射供暖系统结合使用[20]。此外，置换通风系统的管道多布置于地板夹层内，如图 1-1（c）所示，这意味着需要抬升地板高度（可达 30～50cm），与混合通风相比，工程造价较高，在实际应用中受到较多限制[28-30]。

笔者及其团队 20 余年来对竖壁、柱壁贴附通风进行了持续不断地研究与实践，并提出了贴附通风理论及气流组织设计方法[31-33]。图 1-2 给出了贴附通风气流组织示意图。该通风方式

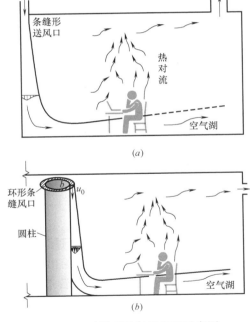

图 1-2　贴附通风气流组织示意图
（a）竖壁贴附通风；（b）柱壁贴附通风

① 引自 Awbi H B．Ventilation systems-Design and performance［J］．Taylor & Francis，2007：291。

结合建筑内部造型，融合"混合式"上部送风和"置换式"送风两种方式的优势，克服了"大漫灌"混合通风温度效率低及置换通风使用场合受限等一系列弊端。贴附通风以保障工作区环境为目标，人员区上部空间具有一定的温度梯度，负担的总冷负荷小于混合通风，具有较高的送风温度效率。

在建筑布局上，贴附通风的管道送风系统布置于房间上部，送风气流顺墙（柱）壁贴附而下，撞击地板后进入工作区（控制区），在地面形成"空气湖"气流分布，即低风速、小温差的气流沿地板均匀扩散，在地板上形成的一低速流动的空气薄层。贴附送风模式利用康达效应（Coanda Effect）及扩展康达效应（Extended Coanda Effect，ECE）[31]，将高品质、新鲜空气最大限度地送到工作区，满足空气温度场、速度场及浓度场要求，提高了温度效率和工作区空气品质。贴附通风特别适用于大空间环境保障的需求，可用于冷负荷较大的场合，同时解决了大空间冬季热风难以送至工作区的问题。

贴附通风气流组织相对混合通风而言，通风能量利用效率有较大提高。以标准地铁站为例，采用竖壁贴附通风模式，在保证舒适性的前提下，与传统混合式气流组织相比，组合式空调机组风量减小了 20%，冷量减小了 31%，而地铁车站空调系统的综合制冷系数 SCOP 则提高了 17%，显著降低了通风空调系统的初投资和系统运行能耗[34]。

本书全面、系统地总结了贴附通风气流组织的研究进展，涵盖了竖壁贴附、柱壁贴附及导流板送风，给出了气流组织参数关联式，以及工程设计案例等，为建筑环境营造提供了一套新型、高效的气流组织理论及设计方法。

1.2 室内空气环境客观评价

气流组织的舒适性及通风效果优劣可用系列评价指标来描述。室内环境的客观评价指标主要包括被调控空间的垂直温度梯度、有效吹风感温度 θ_{ed}、通风效率（温度效率）E_T、热分层高度、空气分布特性指标 $ADPI$、速度不均匀系数 K_V、温度不均匀系数 K_T、空气龄 τ_A 及换气效率 η_A 等。主要空气参数包括射流轴线速度、温度、空气平均温度、平均速度、壁面平均辐射温度、体感温度及非对称性辐射温度等。

1. 垂直温度梯度

在一些通风空调气流组织方式中，送风温度与被调区域空气温度不同，或者房间内存在内热源，导致垂直方向存在气流温度差异，即存在垂直温度梯度。空气垂直温差带来的不舒适感主要是头部和脚踝处存在温度差所致，从卫生学及人体舒适角度，人体头部与脚踝之间的垂直温差需控制在一定范围内。国际标准 ISO[35] 规定了 A、B、C 三个热舒适等级对应的头部和脚踝（坐姿）垂直温差分别为：A 级<2.0℃，B 级<3.0℃，C 级<4.0℃。美国 ANSI/ASHRAE 标准[36] 则指出，人体头部和脚踝间的空气垂直温差应小于 3.0℃（坐姿）或 4.0℃（站姿）。应该注意，以上两个标准并未特别强调置换通风或混合通风。我国现行国家标准《民用建筑供暖通风与空气调节设计规范》GB 50736[37] 中对置换通风气流组织规定，地面上 0.1～1.1m 间的空气垂直温差不宜大于 3.0℃。

REHVA 定义了头部和脚踝处温度梯度的代表性测点位置为：坐姿时，距离地面高 0.1m 和 1.1m 处；站姿时则为距离地面高 0.1m 和 1.7m 处[38,39]。

如果头部和踝部垂直高度之间空气温差小于 8.0℃，垂直温度梯度产生的局部不满意率 LPD 可按式（1-1）确定[39]：

$$LPD = \frac{100}{1+\exp(5.76-0.856\Delta t_{a,v})} \tag{1-1}$$

式中　LPD——局部不满意率，%；

　　　$\Delta t_{a,v}$——头部和踝部之间的垂直空气温差，℃。

2. 有效吹风感温度 θ_{ed}

有效吹风感温度考虑工作区任一点温度与室内平均温度的差

值，将吹风风速和吹风温度表示为一个综合指标。即有效吹风感或有效吹风温度 θ_{ed} 按式（1-2）计算[40]：

$$\theta_{ed} = t_x - t_n - 8(u_x - 0.15) \tag{1-2}$$

式中　θ_{ed}——有效吹风感温度，℃；

　　　t_x——室内某点空气温度，℃；

　　　t_n——室内平均（控制）温度，℃；

　　　u_x——室内某点空气流速，m/s。

当有效吹风温度位于 $-1.5℃ < \theta_{ed} < +1.0℃$（ASHRAE Handbook）[1] 或 $-1.7℃ < \theta_{ed} < +1.1℃$[41]、空气流速 $u_x < 0.35$m/s 时，坐姿区域大多数人感觉热舒适。

3. 空气分布特性指标

对于混合通风来说，对整个工作区进行温度和风速多次测量，空气分布特性指标（ADPI）为各点满足有效吹风感温度及风速要求的测点数占总测点数的百分比，作为评判工作区是否存在吹风感的依据，其仅适用于制冷工况[1]。对于置换通风和贴附通风来说，也可以借鉴 ADPI 来评价控制区（工作区）空气分布特性。

$$ADPI = \frac{(-1.7 < \theta_{ed} < +1.1)的测点数}{总测点数} \times 100\% \tag{1-3}$$

ADPI 趋于 100% 是理想状态，若反映热舒适感指标的 ADPI 大于 80%[22]，表明通风气流组织良好。

4. 通风效率（温度效率）E_T

不同气流组织方式通风效果的优劣可采用通风效率（温度效率）评测[26,42]。通风效率是表示送风排除余热及污染物能力的指标，它可理解为稀释通风时，参与工作区稀释污染物的风量与总送风量之比。可进一步细分为瞬态通风效率和稳态通风效率，前者用于评价室内排除污染物快慢的能力。

对于排除室内工作区余热负荷，当室内负荷相对稳定时，可采用稳态通风效率评价气流组织的排热效果，因此通风效率又可称为温度效率（无量纲过余温度），它与热分布系数 m 互为倒数关系，按式（1-4）确定：

$$E_T = \frac{t_e - t_0}{t_n - t_0} \tag{1-4a}$$

或

$$m = \frac{t_n - t_0}{t_e - t_0} \tag{1-4b}$$

式中　t_e——排风温度，℃；

　　　t_0——送风温度，℃；

　　　t_n——工作区（控制区）平均温度，℃。

气流组织的通风效率评价指标涉及建筑空间、热源形式乃至通风方式等诸多因素，各因素对通风效率的影响往往较难进行系统的定量分析。作为一种处理方法，可基于试验对随机因素进行综合分析。赵鸿佐等人[26] 随机选取了低热源强度 $q_v < 50\text{W/m}^3$ 分散性普通民用建筑或一般工业热源的下送上回通风方式若干试验数据，给出了图 1-3 所示的 $\lg Ar\text{-}E_T$ 关系，其试验条件如表 1-1 所示，E_T 的计算见式（1-5）

$$E_T = 0.31\lg Ar - 0.01 \tag{1-5}$$

相关系数 $r = 0.898$

式中　Ar——阿基米德数，定义为 $Ar = \dfrac{gH}{u_0^2}\dfrac{\Delta t}{T_0}$。

对于典型建筑空间，下送风气流组织的平均流速可用送风量 G 与房间横断面积 F_n 之比来近似表示，即

$$u_0 = G/F_n \tag{1-6a}$$

$$\Delta t = Q/\rho c_p G \tag{1-6b}$$

因此，对于非等温典型房间有 $Ar = \dfrac{gQHF_n^2}{\rho c_p T_0 G^3} = \dfrac{B_0 HF_n^2}{G^3}$，其

中 B_0 定义为浮力通量，$B_0 = \dfrac{gQ}{\rho c_p T_0}$。对于一般办公或居住建筑通风温度变化范围处于 $15\sim40$℃之间，$B_0 \approx 0.000028Q$。

对于低热源强度置换通风，由 $E_T = f(Ar)$ 的关系可确定

通风房间中 Q、G、H、F_n、t_0、t_e、t_w 这七个参数之间的关系。

从图 1-3 可看出，混合通风的 E_T 约为 1，而置换通风的 E_T 则处于 1～2 之间，这说明混合通风掺混剧烈，导致工作区温度与排风温度几乎相同，而置换通风则出现了明显的温度梯度，$t_e > t_n$。

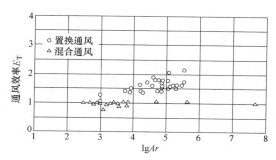

图 1-3　不同通风方式的通风效率

不同通风方式试验条件[①]　　　　　　　表 1-1

通风方式	送-排方式	方案数	$F(m^2)$	$h(m)$	q (W/m³)	G (m³/s)	E_T	lgAr
混合通风	墙下侧-顶棚	民用-16	15～150	2.4～3.9	6.3～26.6	0.045～0.48	1.4～2.1	4.4～5.5
	墙下侧-顶棚	工业-16	270～960	3～10	8.2～43.1	1.38～18.3	1.1～2.2	3～4.5
	地板-顶棚	民用-1	15	2.65	17.1	0.06	1.4	4.7
	墙下侧-墙高侧	工业-5	270	6	40	3.57～9.4	1～1.4	3～4.2
置换通风	顶棚-地板	民用-9	20	3.6	5.6～28	0.01～0.38	0.96～1.0	2.5～7.8
	顶棚-地板	工业-6	270	6	40	6.1～10.6	0.91～0.95	2.8～3.5
	墙高侧-墙下侧	工业-3	270	6	4.0	5.3～8.7	0.71～0.85	3.1～3.8

---

① 引自赵鸿佐著《室内热对流与通风》表 1-3。

5. 热分层高度

在通风空调房间中，借助局部热源的浮力热羽流可实现由下而上的空气输运。对于下进上排气流组织，热羽流上升过程中不断卷吸周围空气，若排风口处热羽流流量 G_H 大于通风量 G，则部分过余热气流将被迫反向向下运动，如图 1-4 所示。当通风量 G 等于浮力羽流在室内某一高度 Y 断面上的流量 G_Y 时，即 $G = G_Y$ 时，形成了上热下冷的热分层流动，该高度定义为热分层高度 Y_s[26]。此时，羽流主体外的热分层界面气流垂直分速度为 0。在热分层高度线以上，热气流呈紊态涡旋回流混合流动，下部区域则受负压梯度吸引呈低速"无旋"流动。羽流主体外区的垂直温度分布简化为图 1-5 所示的模型。

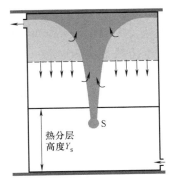

图 1-4　通风房间热分层高度

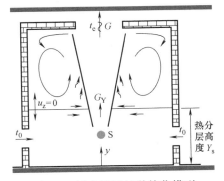

图 1-5　浮力羽流扩散简化模型

若竖直方向速度 u 与距热分层界面高度 Y_S 的距离成正比，即

$$u = -k(y - Y_S) = -k\tilde{y} \tag{1-7}$$

式中　$\tilde{y}$——从热分层界面始的高度，$\tilde{y} = y - Y_S \geqslant 0$。

基于一维的稳态能量方程，推导出任意高度热分层的垂直温度分布为:[26]

$$(t - t_0)/(t_e - t_0) = 0.5(1 + \text{erf}H^*) \tag{1-8}$$

式中　$\mathrm{erf}H^*$——高斯误差函数，$\mathrm{erf}H^* = \dfrac{2}{\sqrt{\pi}} \displaystyle\int_0^{H^*} e^{-\eta^2} \mathrm{d}\eta$，$H^* = $

$\left(\dfrac{k\widetilde{y}^2}{2a}\right)^{0.5}$，$a$ 为导温系数。

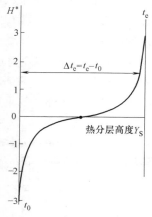

图 1-6　热分界层垂直温度分布

图 1-6 所示的垂直温度分布是以热分层界面高度 Y_S 为原点的对称形非线性分布。当 $y = Y_S$ 时，$t = (t_0 + t_e)/2$，即热分层高度的温度恰好是送、排风温度的平均值。

热分层高度是表征热分层流动的重要特征参数，与室内垂直温度分布、室内外温差、热源几何形式、位置、数量及隔热保温状况、通风形式乃至墙体传热等因素相关。对孤立热源室内空间的热分层高度，将通风量 G 代入各种热源羽流流量 G_Y，得出热分层高度表达式。对于不同形体或多个热源，可以由修正单热源分层高度得出相应的热分层高度值。

6. 速度及温度不均匀系数

室内空间不同位置，风速、温度等均有不同程度的差异，这种差异可用不均匀系数指标来评价。速度不均匀系数 K_v 和温度不均匀系数 K_t 定义如式（1-9）所示：

$$\text{速度不均匀系数 } K_v = \frac{\sqrt{\dfrac{1}{n}\displaystyle\sum_{i=1}^{n}(u_i - \overline{u})^2}}{\overline{u}} \tag{1-9a}$$

$$\text{温度不均匀系数 } K_t = \frac{\sqrt{\dfrac{1}{n}\displaystyle\sum_{i=1}^{n}(t_i - \overline{t})^2}}{\overline{t}} \tag{1-9b}$$

式中　　n——测点数；

u_i、t_i——各测点的速度和温度；

$\overline{u}$、$\overline{t}$——各测点速度和温度的算术平均值。

7. 空气龄（空气年龄）

室内气流组织中空气龄等概念系借鉴化学动力学的反应时间而来[43]，原指间歇流动反应器中的物料从开始反应，至达到要求转化率时所持续的时间，即反应持续时间。在持续流动反应器中，物料质点从进入反应器到出口所经历的时间为停留时间。

将室内气流组织空气运动过程和反应器内物料流动做一类比，即可得出空气时间 τ_A（空气年龄/空气龄）和空气停留时间 τ_r 的概念[40,44-46]。显然，空气龄 τ_A 指空气进入房间至到达室内某点 A 所经历的时间，如图 1-7 所示。空气停留时间 τ_r 则指空气从送风口进入到离开房间所经历的时间。空气剩余时间 τ_{rl}（或称残留时间）则定义为空气从当前位置到离开出口所需要的时间（见图 1-7）。对于室内某一位置空气微团，其空气龄、残留时间和停留时间的关系为

$$\tau_A + \tau_{rl} = \tau_r \tag{1-10}$$

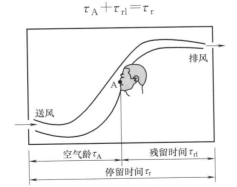

图 1-7　室内 A 点空气龄、残留时间和停留时间

空气龄反映了不同气流组织方式排除污染物（包括热污染）的能力。可以采用试验方法来确定具体值，采用下降法（衰减法）来测量时，在房间内充以示踪气体，室内 A 点（任意点）

起始浓度为 $c(0)$，之后对房间进行送风（示踪气体浓度为 0），每隔一定时间，测量 A 点的示踪气体浓度，由此获得 A 点示踪气体浓度随时间的变化过程 $c(\tau)$，则任一点的平均空气龄定义为：

$$\tau = \frac{\int_0^\infty c(\tau)\mathrm{d}\tau}{c(0)} \tag{1-11}$$

房间的平均空气龄定义为各点局部平均空气龄的平均值，即

$$\bar{\tau} = \frac{1}{V}\int_V \tau \mathrm{d}V \tag{1-12}$$

式中　V—房间体积，m^3。

整个房间平均空气龄则为全室停留时间 τ_r 的 $1/2$，即

$$\bar{\tau} = 1/2\tau_r \tag{1-13}$$

如果房间中通风气流流型呈理想活塞流，送风停留时间最短，等于房间的名义时间常数 τ_n——房间容积与通风量之比，$\tau_n = V/G$，即

$$\tau_r = \tau_n = V/G \tag{1-14}$$

传统的空气龄指标主要考虑房间内部空气流动，认为房间入口处空气龄为 0。如果综合考虑空调处理系统和送风输配管道内流动过程的影响，可对空气龄的概念进行修正，可把空气微团自室外进入通风系统到达室内某点 A 所经历的时间，称为修正空气龄（或称全程空气龄），反映了不同通风空调系统送风的新鲜度。

8. 换气效率（Air exchange efficiency）

换气效率 η_a 是评价换气效果优劣的一个指标，它是气流组织的特性参数之一，与污染物无关[41]。η_a 定义为房间名义时间常数（空气最短停留时间）τ_n 与实际全室停留时间 τ_r（整个房间平均空气龄 $\bar{\tau}$ 的 2 倍）之比，即

$$\eta_a = \frac{\tau_n}{\tau_r} = \frac{\tau_n}{2\bar{\tau}} \tag{1-15}$$

由换气效率定义，$\eta_a \leqslant 100\%$。换气效率越大，则房间换气效果越好。一些典型通风形式的换气效率如下：

活塞流，$\eta_a = 100\%$；

全面孔板送风，$\eta_a \approx 100\%$；

单风口下送上回，$\eta_a = 50\% \sim 100\%$。

定义机械通风换气效率时，并未考虑围护结构气密性对室内空气龄的影响。建筑外围护结构整体的气密性可以通过鼓风门法、压力脉冲法进行检测[47]。这里顺便提一下鼓风门法测试方法：在室内外压差分别为 50Pa 和 −50Pa 下，测量建筑物的换气量，通过式（1-16）计算换气次数，量化围护结构的整体气密性。

$$N_{50}^{\pm} = G/V \tag{1-16}$$

式中　　N_{50}^{+}、N_{50}^{-}——50Pa、−50Pa 压差下房间的换气次数，h^{-1}。

第❷章

贴附通风原理及气流流型

通风是一门组织房间内或任何空间中换气、气流"按需"流动的科学。室内气流是无形的，可视化技术使气流流型变成可见的、从宏观上可观察到的运动形态。流型可视化形象地描绘出了由风口送入房间的强制射流与热对流及壁面相互作用的过程及结果。它可以定性地给出空气运动流型，厘清影响通风射流流动的主要因素，观察到通风流场的定性流动规律。

2.1 康达及扩展康达效应

2.1.1 康达效应

康达效应（Coanda Effect）简单来说指射流流体趋于相邻固体壁面的现象。其原理为：当流体 1 以一定的初速度从孔口射入另一种流体 2（或称环境流体）时，会对周围环境流体产生卷吸，如图 2-1（a）所示。射流对周围环境空气的卷吸效应存在不平衡时，射流将朝向流体流动阻力较大的一侧偏转，如图 2-1（b）、（c）所示[48]。可以通过适当调整射流边界条件来改变射流的流动方向。如果连续改变近壁面的流动边界条件，理论上可以使射流形成任何所需方向的流线流动[49,50]。

需要特别指出的是，沿孔口出流的流体存在惯性运动，卷吸周围环境流体并在壁面侧形成低压区域，可形成沿平壁（或曲

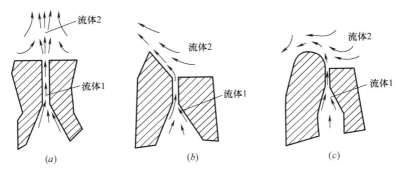

图 2-1 射流康达效应（Coanda Effect）

（a）自由射流；（b）壁面贴附；（c）曲面贴附

面）的流动。康达效应驱使射流趋向壁面过程可用图 2-2 进一步展现。空气射流从孔口流出后开始沿直线流动，渐次带动周围气体，射流速度减小，如图 2-2（a）所示。随着射流进一步延伸，射流上下两侧情况出现变化，下侧因与大气相通，有充足的气体补充，始终保持大气压强，而近壁面侧补充气体只能通过射流与壁面之间的缝隙进入低压区，导致上侧的压强低于大气压。射流在上下两侧压差的作用下发生向壁面偏转，如图 2-2（b）所示。随着射流继续向上偏转，气流补充通道变得更加狭小，上侧压强进一步降低，从而使射流最终贴附于壁面，形成沿壁面向前推动的射流，如图 2-2（c）所示[51]。

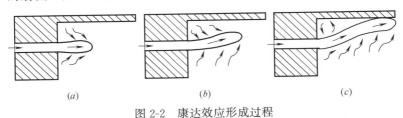

图 2-2 康达效应形成过程

（a）射流出口；（b）发生偏转；（c）贴附于壁面

一些研究表明，若不存在康达效应，那么几乎所有送风末端的射程都会减少约 30%[52]。康达效应与以下几个主要影响因素

有关[53-56]，

（1）送风口与相贴附壁面的距离 S；

（2）射流出口宽度 b；

（3）射流速度 u；

（4）壁面障碍物及其他扰动因素；

（5）射流温差 Δt。

当送风射流距壁面不超过一定距离时，受康达效应影响，形成室内受限贴附射流。通风气流组织形态与风口（射流入口）的位置设置方式密切相关，送风口与壁面较近时容易发生贴附，即出流射流轴线向壁面倾斜的现象。随着射程增加，射流从空气侧卷吸气流增加，射流速度发生衰减，康达效应逐渐减弱[52]。

值得一提的是，射流与环境空气温差产生浮力效应，会对贴附射流流动产生直接影响，在后面章节中将详细介绍。对办公建筑，如送冷风时 8～12℃的常规温差下，送风口与壁面之间距离应保持在 300mm 以内，以保证射流贴附于壁面。

同样值得注意的是，障碍物会导致射流与壁面分离，康达效应失效，如果障碍物厚度与贴附边界层厚度相比为小量，射流分离后可于障碍物下游一段距离之后再次与壁面贴附。这与射流风速、障碍物的高度、障碍物位置等相关[1,47]。本书第 4 章 4.8 节将详细讨论这一现象。

2.1.2　扩展康达效应

扩展康达效应（Extended Coanda Effect，ECE）[31] 系指流体射流沿壁面形成康达效应，并保持持续性流动，直至撞击地板后继续保持贴附于地板扩展流动的现象。其与康达效应的区别在于存在撞击区。扩展康达效应原理为：当射流自邻近的固体表面射出时，射流会发生偏转（区域Ⅰ）并贴附于固体表面（即形成传统意义上康达效应，见图 2-3 中区域Ⅱ）。基于惯性动量影响，射流沿表面保持原方向的流动直至脱离点，与地板发生撞击，之后气流流动"动压复得"，沿地板继续向前运动并卷吸地板上方的空气。如图 2-3 所示，这里有两个关键点值得注意：射流在竖壁脱离点（该位置康达效应失效，或形象地比喻为射流在此"感应"到了碰撞效应的存在，送风射流与竖壁发生分离）和地面再贴附点（扩展康达效应使通风气流与地板再次贴附的位置）。脱离点和地面贴附点之间的撞击区（区域Ⅲ）压力接近环境压力（压力分布与撞击参数有关）。在撞击区下游某一位置，动压增加并达到最大值。通过动压复得，流体克服地板阻力并得以继续沿水平面流动（区域Ⅳ），详见图 3-4。一定条件下，空气射流沿顶棚通过碰撞转向为垂直流动再次与地板碰撞，也会发生类似的现象。

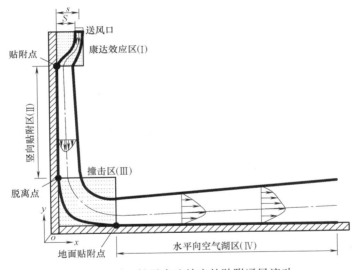

图 2-3　基于扩展康达效应的贴附通风流动

2.2　竖壁贴附射流及送风流型

如前所述，混合通风和置换通风是目前应用较为广泛的两种气流组织形式。混合通风的特点是送风速度高、动量大和高紊流度，空气分布器多于建筑空间上部布置，不占用房间下部空间，至今仍在工程中广泛应用。对混合通风，其调控区域（工作区）一般处于回风或排风区域，通风效率或温度效率相对较低[57]。

置换通风的特点是空气以极低的流速（约 0.25m/s）从置换通风器流出，送风动量较低以致对室内主导气流（热羽流）不产生实质性影响。送风空气温度通常低于室内调控区域（工作区）的温度 2～3℃，冷空气密度较大，下沉到地面并沿地板蔓延至全室，在工作区形成类似活塞流，在地板上形成一层薄、冷的空气层——空气湖。与混合通风不同，置换通风的主导气流由室内热源控制，室内空气受热源上升热羽流的卷吸作用以及排风口的抽吸作用而缓慢上升，室内污染（包括热污染）空气由上部的排风口排除。排风空气温度高于室内工作区温度，工作区温度更接近于送风环境，通风效率或温度效率相对较高[17]。但是，置换通风模式通常采用底部侧送风或地板送风（这意味着需提高地板高度 30～50cm 安装静压箱及送风管道），因此导致了置换通风应用场合受到较多限制。

下面阐述一种新型通风系统——综合了上述两类气流组织优点的贴附射流空气湖模式通风系统，包括了竖壁贴附通风、矩形柱贴附通风以及圆柱贴附通风[58-61]。

2.2.1　竖壁贴附射流原理

贴附通风理论从本质上而言，是为创造适宜的"工作区"环境参数，设计贴附送风的温度、速度、送风量乃至空气分布器形式、位置等参数。送风气流沿竖壁运动至接近地面时，由于碰撞作用形成"气垫面"，动压向静压转化，动量转变为冲量，消耗了部分动能。气流与地面碰撞后形成了向下游运动的空气湖区。

掌握竖壁及空气湖受限贴附流动理论是进行贴附通风设计的基础。竖壁贴附通风气流组织的设计任务是，通过合理改变射流送风物理参数，确定送风射流贴附射程，将新鲜空气最大限度地下送到工作区，保障工作区的空气温度和流速等满足舒适性要求[62-64]。

图 2-4 示出了竖壁贴附送风空气流型简图，射流自条缝型风口（推荐 $l/b \geqslant 1:10$，二维平面射流）送出后，在运动中保持主体动量守恒，不断地卷吸周围空气。近壁侧的射流卷吸空气量远小于自由侧，竖壁上部角落 A 处形成低压区，射流主体两侧的压力差驱使射流向竖壁偏转，与壁面形成贴附。气流沿壁面持续向下流动延伸至地面，逆压梯度增加，射流主体与竖直壁面发生分离，撞击区后以辐射流动方式沿地板向前延伸形成类置换通风的"空气湖"现象。"带走"调控区域（工作区）的负荷，形成类似于置换通风的温度、风速以及湿度等参数场[57]，但是，这一空气湖是由来自房间上部的贴附射流动且经碰撞后来创造的，与传统的置换通风气流流动机制有所不同。

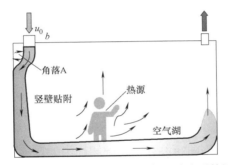

图 2-4　房间竖壁贴附通风空气运动流型简图

从流体力学角度看，竖壁贴附送风方式实质是竖壁贴附射流和水平贴附空气流动的组合。

根据风口与壁面之间的距离，竖壁贴附通风可分为完全贴附（切向贴附）和偏转贴附两种送风方式，如图 2-5 所示。在理论分析时，选择条缝形风口宽度 b（对送风特性有较大影响作）为特征尺寸，s 为风口中心与贴附壁面的法向距离，定义 $S = s - b/2$ 为风口内侧与贴附壁面的距离，称之为偏转距离。当 $S/b > 0$（$s/b > 0.5$）时，送风气流会发生偏转，切向贴附通风变为偏转贴附通风。在下面的分区理论分析中应注意 S/b 和 s/b 的差异。

竖壁贴附通风在室内的流动路径可分为四个区域（见图 2-3）[65]。

21

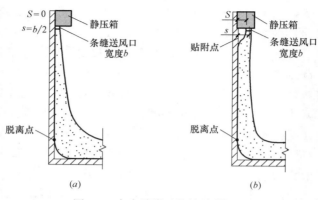

图 2-5　完全贴附及偏转贴附送风

（a）完全贴附送风；（b）偏转贴附送风

区域Ⅰ，起始段（偏转段）。对于偏转贴附送风有 $S>0$。出口射流一小段距离为自由紊流射流[66]，之后，受康达效应影响，射流弯曲趋近于竖壁，并贴附于竖壁。试验发现，偏转段对受限贴附射流的影响较大，后续章节中将详细分析。

对于偏转贴附通风，在角落 A 处存在涡旋流动（见图 2-4），其可能的原因在于射流方向上逆压梯度逐渐增大，阻滞射流流动，近壁面流体微团将受到更为强烈的阻滞，当其动能消耗殆尽时，被迫折回，形成了涡旋现象[67]。

区域Ⅱ，竖向贴附区。射流主体在两侧压差作用下贴附于竖壁，沿壁面向下部运动，实现了射流沿竖壁的有效输送，射流主体速度衰减较为缓慢。随着 s 不断减小，区域Ⅰ范围渐次变小，贴附区域逐渐变大。当 $s \to b/2$ 时，诱导涡流区Ⅰ消失，偏转贴附送风转化为切向贴附送风。

区域Ⅲ，撞击区。射流沿竖壁趋近于地面时，受地面逆压梯度的影响，空气射流遂与竖壁分离，撞击地面转为水平流动。射流主体发生了 90°偏转（射流偏转角度还与墙体构造有关），并与周围空气发生大量掺混，在该区域速度衰减较为剧烈。

区域Ⅳ，水平空气湖区。经过区域Ⅲ之后，主体气流沿地面向前扩散，形成了向前推进的活塞流，在地面呈现空气湖气流分布。该区是贴附通风气流组织调控的主要目标区域，水平射程越长，送风射流沿地面延伸越充分，在流态上形成类似置换通风的效果，满足人体热舒适性，并具有较高的通风效率。

贴附通风气流组织的设计方法实质是保证空气湖区的速度场、温度场时，如何计算确定合适的竖壁贴附送风参数的过程。

2.2.2 竖壁贴附通风气流流型

建筑空间气流运动是一个相当复杂的过程。气流流型可视化有助于深刻了解气流运动机制，有效优化气流组织。

流型示踪可以有很多方法，通过示踪气体显示（目测、探测及拍摄）送风气流的运动趋势及状态，是流型可视化常用的一种示踪方式。

在可视化试验中，对示踪微粒做出以下假设：

（1）气流中的粒子浓度较低，不会干扰流场；

（2）粒子为球形，直径很小，其流动处于低雷诺数区，且粒子间无相互作用力，重力和浮升力忽略不计；

（3）示踪微粒与气流完全均匀混合；

（4）示踪微粒与气流温度相同（根据经验，烟气发生器可连接 2～5m 软管，以降低发烟温度，保证示踪粒子温度与气流相同）。

烟雾示踪粒子的运动可用式（2-1）描述：

$$M_P \frac{\mathrm{d}u_P}{\mathrm{d}\tau} = C_d \frac{1}{2} \rho_f A_p (u_f - u_p)^2 \tag{2-1}$$

式中 M_p——示踪粒子的质量，kg；

C_d——阻力系数；

ρ_f——气流密度，kg/m^3；

A_p——示踪粒子的截面积，m^2；

u_f——气流速度，m/s；

u_p——示踪粒子的速度，m/s；

τ——示踪粒子跟随气流运动的时间，s。

若 u_p 为常数（不随时间变化），C_d 与雷诺数 Re 有关，仅为（$u_f - u_p$）的函数。设时间 $\tau = 0$ 时，发烟粒子进入气流中，初速度 $u_p = 0$，式（2-1）存在简单解析解 [式（2-2）]：

$$u_p = u_f \left[1 - \exp\left(-\frac{18\mu_f}{\rho_p d_p^2} \tau \right) \right] \qquad (2\text{-}2)$$

式中 μ_f——气流的动力黏度，Pa·s；

ρ_p——示踪粒子密度，kg/m³；

d_p——示踪粒子直径，m。

上式表明，当 u_f、d_p、ρ_p 一定时，发烟微粒速度 u_p 仅是时间的函数，一旦示踪微粒进入流场，u_p 可以立刻趋近于气流速度 u_f（即 $u_f = u_p$）。

采用乙二醇进行流场示踪是常用的一种可视化方法，其光反射性能好、粒子跟随性好（直径小于 $1\mu m$），且易于 CCD 高速数码摄像机对试验过程进行拍摄[58]。

采用乙二醇可视化试验模型及几何参数见图 2-6。试验过程中，可采用 CCD 数码摄像（高速摄像）或普通数码录像系统进行送风射流流型的拍摄。图中所标注的是 CCD 数码摄像系统，用于定性记录射流变化规律，摄像系统的镜头保持水平固定状态以消除图像的变形对试验数据的影响，镜头所在的水平方向垂直于射流中轴线所在的平面。实际上，普通录像机也可以较好地定性记录气流流动过程，根据实际需要变化拍摄位置[58,63,68]。图2-7、图 2-8 给出了不同 s 下的竖壁贴附送风可视化结果及流型图。

为深入理解竖壁贴附送风气流运动机制，考察 u_0 和 s 对该送风模式的影响，在三维实尺寸试验室对竖壁贴附送风进行了一系列可视化试验[69]，图 2-9 为所用试验室，尺寸为 5.4m×7.0m×3.16m，静压箱尺寸为 2.5m×0.5m×0.5m，条缝形送风口尺寸为 2.0m×0.05m，试验室净高 2.5m。送风管道与静压

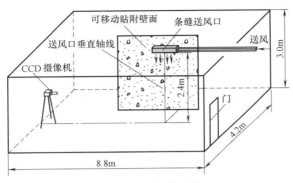

图 2-6 可视化试验

(a) (b) (c)

图 2-7 距竖壁不同距离的送风流型可视化

$(u_0 = 5.15 \text{m/s}, \ t_0 = 22.0℃, \ t_n = 24.5℃)$

$(a) \ s = 0.13 \text{m};$ $(b) \ s = 0.60 \text{m};$ $(c) \ s = 0.78 \text{m}$

注：可视化试验中在折叠梯右侧设立竖直挡板形成了可移动竖壁。

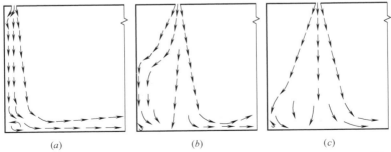

(a) (b) (c)

图 2-8 距竖壁不同距离的送风流型 $(Re = 17098, \ t_0 = 22.0℃, \ t_n = 24.5℃)$

$(a) \ s = 0.13 \text{m};$ $(b) \ s = 0.60 \text{m};$ $(c) \ s = 0.78 \text{m}$

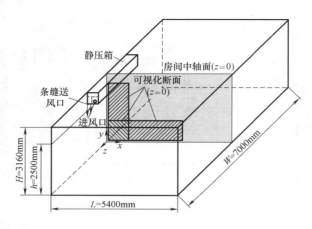

图 2-9　三维实尺寸试验室简图

箱之间采用软连接，以实现送风口与竖直墙壁之间垂直距离的调节，也可以消除送风静压箱震动对送风气流的影响。

图 2-10、图 2-11 分别给出了改变 u_0 和 s 时，竖壁贴附送风的可视化结果及流型图。条缝形风口安装位置分别为 $s/b=2$、$s/b=5$、$s/b=8$ 和 $s/b=10$，送风速度范围为 1.0~2.0m/s。下面对 4 种风口位置气流流动进行分析。

（1）$s/b=2$，送风初速 $u_0=1.0$m/s，1.5m/s 和 2.0m/s，气流均与壁面形成较好贴附，可从图中清晰看出示踪气体沿竖壁向下趋近地面时，撞击后流动转为水平方向扩散流动过程 [见图 2-10、图 2-11（a）~（c）]。也就是说，条缝形风口与竖直墙壁之间存在的 0.07m 间隙并未对贴附效果产生影响，形成了近似完全贴附空气湖流动。

（2）$s/b=5$ 时，送风口位置进一步远离了贴附壁面。改变 3 种送风速度，射流由风口送出后，射流主体两侧的压力差驱使气流逐渐倾斜靠近壁面，受逆压梯度的影响，在房间左上角落处（对应图 2-4 的 A 区域）形成涡流区，一旦形成贴附，气流流动与 $s/b=2$ 时的工况类似 [见图 2-10、图 2-11（d）~（f）]。

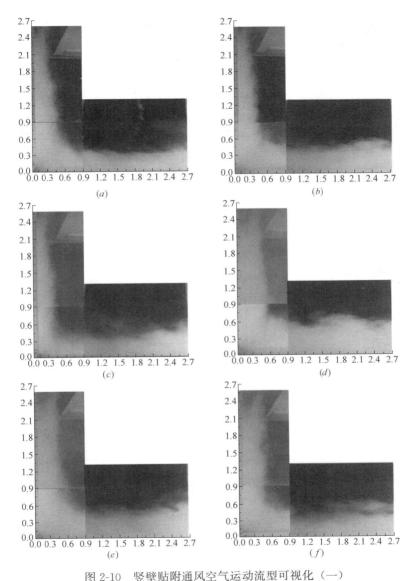

图 2-10　竖壁贴附通风空气运动流型可视化（一）

（a）$s/b=2$，$u_0=1.0\text{m/s}$；（b）$s/b=2$，$u_0=1.5\text{m/s}$；（c）$s/b=2$，$u_0=2.0\text{m/s}$；
（d）$s/b=5$，$u_0=1.0\text{m/s}$；（e）$s/b=5$，$u_0=1.5\text{m/s}$；（f）$s/b=5$，$u_0=2.0\text{m/s}$；

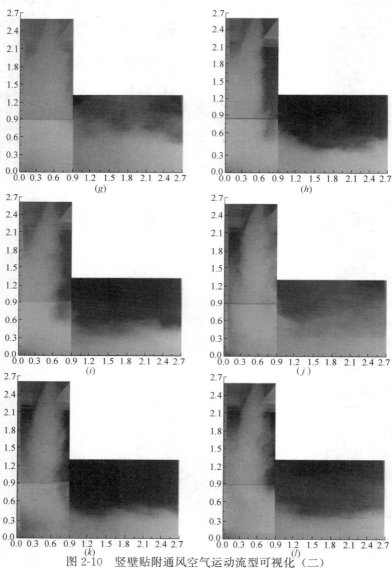

图 2-10　竖壁贴附通风空气运动流型可视化（二）

（g）$s/b=8$，$u_0=1.0\text{m/s}$；（h）$s/b=8$，$u_0=1.5\text{m/s}$；（i）$s/b=8$，$u_0=2.0\text{m/s}$；
（j）$s/b=10$，$u_0=1.0\text{m/s}$；（k）$s/b=10$，$u_0=1.5\text{m/s}$；（l）$s/b=10$，$u_0=2.0\text{m/s}$

注：1. 图中表示了气流分布与风速及风口位置的关系。
　　2. 图中示出的贴附通风撞击区范围约 0.9m×0.9m。

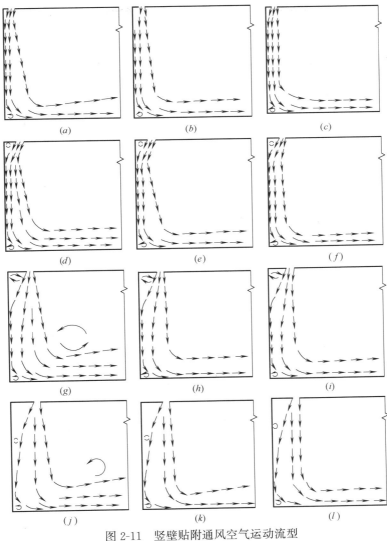

图 2-11　竖壁贴附通风空气运动流型

（a）$s/b=2$，$Re=3320$；（b）$s/b=2$，$Re=4980$；（c）$s/b=2$，$Re=6640$；

（d）$s/b=5$，$Re=3320$；（e）$s/b=5$，$Re=4980$；（f）$s/b=5$，$Re=6640$；

（g）$s/b=8$，$Re=3320$；（h）$s/b=8$，$Re=4980$；（i）$s/b=8$，$Re=6640$；

（j）$s/b=10$，$Re=3320$；（k）$s/b=10$，$Re=4980$；（l）$s/b=10$，$Re=6640$

（3）$s/b=8$ 时，随着送风口位置的进一步偏离贴附壁面，出口气流与壁面交角明显加大，与 $s/b=5$ 时相比，除了射流主体偏转角度增加外，上部偏转段长度也进一步加大，接近于房间高度的 1/3 ［见图 2-10、2-11（g）～（i）］。值得注意的是，少量空气沿房间高度方向弥散流动，这将造成工作区通风有效性的降低。

（4）当风口远离贴附壁面，至 $s/b=10$，送风几乎与壁面难以形成贴附 ［见图 2-10、2-11（j）～（l）］，射流主体与竖直壁面之间存在清晰的间隙，只有在较高风速（1.5m/s 和 2.0m/s）时，至接近地面区域方与竖壁形成贴附。

综上所述，风口位置 s 对竖壁贴附气流组织形式有较大影响。随送风口逐渐远离壁面，贴附效应逐渐减弱，送风射流与室内空气的掺混逐步加剧。只有在 s 较小的情况下，送风射流趋向壁面方向弯曲，形成近似切向贴附射流，在地板区域可以获得近似于置换通风的流场分布。随着 s/b 逐渐增加至 10，射流主体几乎已脱离竖壁，转变为混合通风，竖壁贴附通风模式失效[68]。试验表明，在通风空调送风设计速度范围之内，极限贴附距离位于 0.25～0.40m（即 $s/b\approx5$～8）之间。

当送风口与壁面之间距离 s 不变时，风速增加有利于加强贴附效果，减少射流主体与环境空气的掺混。随着送风速度的增加，竖直壁面和水平空气湖的射流厚度变薄。选择合适的送风速度，对于保证贴附通风的控制效果相当重要。

极限贴附距离（送风口与壁面之间最大距离）随送风速度而改变。一般而言，送风速度增加时，其极限贴附距离增大，反之，极限贴附距离减小。

2.2.3　2D-PIV 流场测试

流场可视化的又一种技术是粒子图像测速技术（Particle Image Velocimetry，PIV），已经成为一种成熟的流体机械、动力工程等领域内的风速测量技术[70,71]，它是一种非侵入（间接）

流场剖面测量技术，空间分辨率高，流场观测清晰，且能从其影像中获得定量的流场速度[72]。

2D-PIV 技术通过示踪粒子的流动迹线，测量示踪粒子在给定的极短时间间隔内的位移，得到流场的瞬态速度分布。测试流场的方法主要分为两大类：一是将片光源流场截面上粒子的两次或多次曝光，获得 PIV 流场图片，采用杨氏条纹法或相关算法等逐点读取 PIV 图片，获得片光源截面上的流速场；另一类是采用高速 CCD 相机，直接将片光源截面上的流场图像输入到计算机进行图像处理，利用相关软件获得流场速度。

2D-PIV 速度场测试原理本质是得到位移与时间之比。设示踪粒子在 t_1 时刻的位置为（x_1，y_1），在 t_2 时刻的位置为（x_2，y_2），时间间隔为 Δt，其速度计算原理如图 2-12 所示，

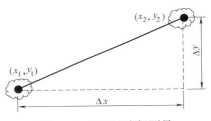

图 2-12 PIV 速度场测量

示踪粒子速度分量如式（2-3）所示：

$$v_{\mathrm{x}} = \lim_{t_2 \to t_1} \frac{x_2 - x_1}{t_2 - t_1} = \frac{\mathrm{d}x}{\mathrm{d}t} \qquad (2\text{-}3a)$$

$$v_{\mathrm{y}} = \lim_{t_2 \to t_1} \frac{y_2 - y_1}{t_2 - t_1} = \frac{\mathrm{d}y}{\mathrm{d}t} \qquad (2\text{-}3b)$$

二维 PIV 测速技术可在一个截面上测得 3500～14400 个瞬时速度向量点，其误差范围仅为 0.1%～1%[73]。对于通风流场，一般推荐采用烟雾或油雾粒子[74] 作为示踪粒子。特别指出，PIV 试验过程中两束激光脉冲时差的设置起着至关重要的作用，是否能正确设置 Δt 值是 PIV 试验成败的关键。经验表明，两束激光脉冲时差 Δt（μs）和拍摄区域内最大速度 $u_{\max}$（m/s）呈反比例变化，而且二者的对数呈线性关系，$\ln(\Delta t) = 5.52 - \ln(u_{\max})$，即 $\Delta t \cdot u_{\max} = 250$。利用柱面透镜拍摄近壁区的流场，

可以得到更加真实、清晰的速度矢量图。对于专门研究近壁区流场试验，以上方法可以参考[75]。

下面给出了不同影响因素（u_0、s）时，应用 2D-PIV 研究竖壁贴附送风（环境温度为 24℃）的试验结果[68]。试验中采用高速 CCD 相机对流场图像进行处理来获得流场速度。PIV 试验小室尺寸为 600mm × 300mm × 340mm，顶部设置 300mm × 10mm 的条缝形送风口，风口距贴附壁面距离可调，具体构造如图 2-13 所示（拍摄区域为 $x = 10 \sim 250$mm，$y = 12 \sim 330$mm）。试验过程中，采用特殊固定的低紊流度送风机向小室内送风，为保证射流送风速度的均匀性和稳定性，需在送风口前设置静压箱和整流段。示踪粒子的烟雾发生器和示踪粒子烟雾混合箱均设置于送风机前段，以保证示踪粒子浓度的均匀性及提高 PIV 测试准确度。

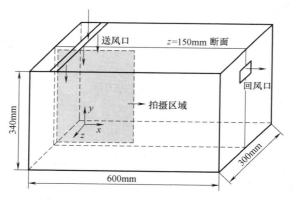

图 2-13　贴附通风 2D-PIV 测试小室简图

下面给出 2D-PIV 流场测试结果，分析送风速度 u_0 及 s 与竖壁贴附通风流场之间的关系[76]。

1. 送风速度 u_0 的影响

在通风空调送风雷诺数范围，射流系由惯性力主导。通过改变送风速度 u_0，观察贴附通风射流轴线速度的变化，其试验工况设置见表 2-1。

送风速度 u_0 变化工况 　　　　　表 2-1

风口宽度 b(m)	风口距壁面相对距离 s/b	送风速度 u_0 (m/s)	送风温度 t_0 (℃)	壁面绝对粗糙度 k(mm)
0.01	5	0.3	24	0(光滑壁面)
		1.0		
		1.5		

贴附送风的流场分布如图 2-14 所示。不同送风速度，射流轴线速度均随射程的增加呈递减趋势。当送风速度由 0.3m/s 逐渐增加至 1.5m/s 时，轴线速度渐次增大，沿竖壁的有效贴附距离相应延长，同时，送风射流对周围空气的诱导作用逐渐增强，造成空气湖区上方气流回旋流动进一步拉大。气流沿竖壁到达地面碰撞后，转为水平空气湖流动。试验表明，送风速度的变化对竖直贴附区及水平空气湖区范围的大小存在直接关联性。

2. 送风口与竖壁距离 s 的影响

试验表明，影响受限贴附射流的主要因素存在于偏转段中，送风口与竖壁距离 s，安装高度 h 对射流轴线速度有较大影响[77]。

表 2-2 给出了 s 变化的试验工况。2D-PIV 速度场测试结果如图 2-15 所示。随着 s 由 50mm（$s/b=5$）逐渐增加至 100mm（$s/b=10$），射流出口与贴附竖壁之间形成的涡旋（图 2-15 左上角区域）逐渐向下方拉大，贴附点位置也逐渐下移。可以清晰地看出，s/b 超过某一临界值时（$s/b=5\sim8$），贴附现象消失，转变成顶送式混合通风。

送风口距竖壁距离 s 变化工况 　　　　　表 2-2

风口宽度 b (m)	送风口相对位置 s/b	送风速度 u_0(m/s)	送风温度 t_0(℃)	房间温度 t_n(℃)	侧壁绝对粗糙度 k(mm)
0.01	5	0.5	24	24	0
	8				
	10				

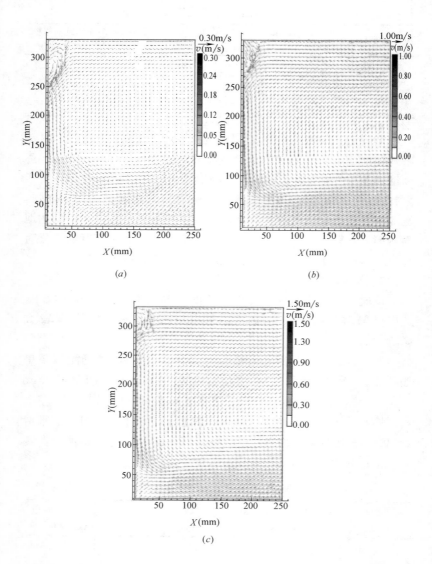

图 2-14　贴附通风空气运动速度场矢量图（$s/b=5$, $k=0$, $t_0=24℃$）

(a) $u_0=0.3\text{m/s}$; (b) $u_0=1.0\text{m/s}$; (c) $u_0=1.5\text{m/s}$

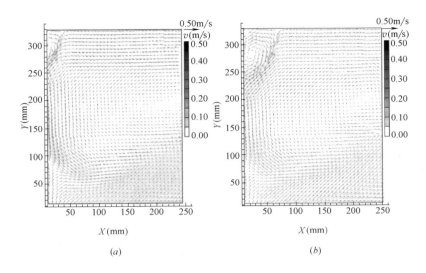

(a)

(b)

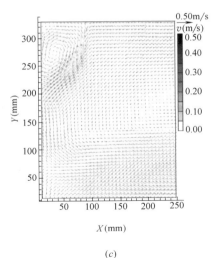

(c)

图 2-15 风口位置 s/b 变化时的通风流场矢量图

($u_0 = 0.5\text{m/s}$，$k = 0$，$t_0 = 24℃$)

(a) $s/b = 5$；(b) $s/b = 8$；(c) $s/b = 10$

2.3 柱壁贴附射流

2.3.1 柱壁贴附射流分析

矩形柱壁面（方柱为特例）贴附通风模式[78-82] 属于贴附通风的一种，柱子侧面上空气流动与竖壁贴附通风类似，但因其存在棱角效应（棱角处气流存在交汇），流场并不完全相同。图 2-16 给出了该矩形柱通风模式气流组织的示意图。气流由位于矩形柱上部的回形条缝送风口送出后，形成与竖壁贴附送风类似的柱面贴附流动，接近地面附近时，射流从矩形柱面分离，撞击地面后变为水平向扩散"流束"（见图 2-16）。与竖壁贴附通风的不同点在于，由于柱面棱角效应，导致两相邻柱面贴附送风进入工作区后存在交汇与叠加，进一步消耗了流体动量，两者相比，在相同送风速度下，柱壁通风形成的水平空气湖区的流动速度衰减更快[79]。

这种送风模式特别适用于地铁站、机场、会展中心及大型商场超市等存在量大面广的既有建筑柱体的场所，可充分借助建筑构造立柱实现贴附送风[83]。

矩形柱贴附通风气流运动特性如下（见图 2-16）：

区域Ⅰ（起始段）：矩形柱送风射流以初速度从"一"形、"L"形或"回"形条缝风口沿柱壁送入调控区域，在约 10 倍于射流出口宽度（直径）的区域内，轴线速度等于初始出流速度。出口流速分布是确定射流流型（层流/湍流）的主要因素。对于完全贴附的壁面射流，类似于竖壁，竖向柱壁贴附段也由区域Ⅰ（起始段）和区域Ⅱ（柱面贴附区）组成。

区域Ⅱ（柱面贴附区）：从宏观上看，贴附送风射流受到其内外部流体间速度差的作用，发生了"物质面"的卷起，即旋涡运动。射流的旋涡运动在环境流体中诱导出次生流速场，该流速场又将非湍动的环境流体进一步卷入射流。随着射流沿柱面向下

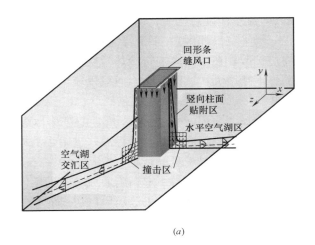

(a)

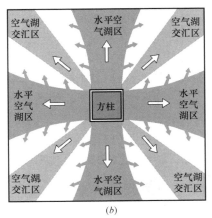

(b)

图 2-16 矩形柱（或方柱）贴附通风模式简图

（a）矩形柱送风原理图；（b）水平空气湖流场

游运动的过程，"胶状旋滚"卷吸周围环境流体并与之发生动量交换，表现为轴线速度逐渐减小，射流断面及卷吸流量不断扩大。

区域Ⅲ（撞击区）：射流动量不足以克服逆压梯度时，射流遂与竖直壁面分离，撞击地面转为水平流动，在距柱面 0.5～

1.0m 范围内射流紊流度急剧变化。

区域Ⅳ（水平空气湖区）：射流经碰撞地板转为水平流动后，沿地板向周边扩散，在工作区进行冷热量交换，流量及射流厚度随气流的前进不断增大。该区是贴附通风气流组织控制的主要目标区域。

区域Ⅴ（空气湖交汇区）：柱体棱角效应更多体现在空气湖交汇处，棱角相邻两股气流相互叠加掺混，进一步消耗了主流区的动量，其流动速度相对于竖壁衰减更快。

对于圆柱贴附送风，其与矩形贴附通风模式的不同之处主要在于曲率效应问题。从顶部环形条缝送风口送出的空气，流动过程同矩形柱贴附送风类似，其竖向流动规律几乎完全一致。在水平空气湖区，射流特性沿径向变化规律则稍不同于竖壁和矩形柱，呈现出沿圆周360°径向辐射扩散的现象[84,85]。图 2-17 示出了该圆柱通风模式气流组织简图。

圆柱贴附送风射流路径同样可分为起始段Ⅰ（类似于竖壁贴附通风，若射流入口紧贴壁面，则区域Ⅰ、Ⅱ合并），柱面贴附区Ⅱ、撞击区Ⅲ和水平空气湖区Ⅳ，如图 2-17 所示[85]。其中，区域Ⅰ、Ⅱ及Ⅲ与矩形柱贴附通风一致。值得注意的是，区域Ⅳ水平空气湖中，由于圆柱几何对称辐射特性，流量及扩展厚度随之沿径向射程增加，轴线速度则衰减更快。

2.3.2 矩形柱贴附通风气流流型

在矩形柱长宽比不大的情况下，方柱和矩形柱贴附通风气流流型相差不大。方柱贴附送风的全尺寸可视化试验如图 2-18 所示，房间尺寸为 6.6m×6.6m×3.15m，方柱长×宽×高为 1.0m×1.0m×2.5m，回形条缝送风口（风口宽度 $b=0.05$m）贴紧柱面，出风口距地面 $h=2.5$m。送风温度与室温保持一致。

烟雾示踪可视化有助于定性地理解方柱贴附通风流动过程。采用烟雾示踪技术得到的方柱贴附通风流场可视化如图 2-19 所示，对应流型图见图 2-20。可视化结果表明，在室内形成以方

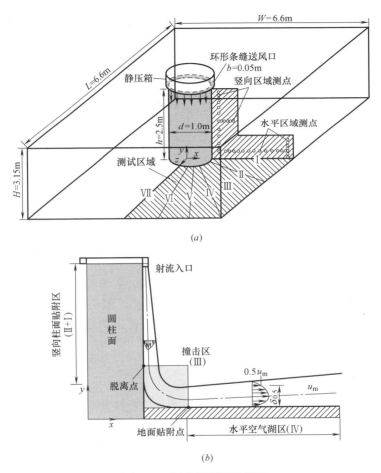

图 2-17 圆柱贴附通风原理

（*a*）圆柱贴附通风三维视图；（*b*）圆柱贴附通风正视图

柱为中心沿地面辐射扩散的类似于置换通风的空气湖流场。

由柱面贴附区图 2-19 可以看出，当送风速度从 1.0m/s 增大到 2.0m/s 时，可视化图清晰地表明，随着送风速度增加，射流扩展厚度变薄，意味着流动过程中与周围环境空气掺混减少。

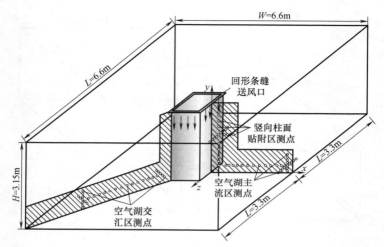

图 2-18 方柱贴附通风流场可视化示踪试验示意图

地板撞击区域流型示踪可视化显示出，射流撞击地板后，柱基区域发生气流汇集，在撞击区域形成了近似平分线对称"加厚"的气流运动流型，柱体棱角的两股气流的掺混增加了主流区动量耗散。

随着送风速度增加，空气湖厚度减小，送风在垂直方向的扩展减弱，水平射程延长。比较 u_0 为 1.0m/s 和 2.0m/s，前者水平运动射程距离较小即出现向上逸散。这意味着，应根据水平空气湖区射程（末端空气速度大小）来确定送风速度及风口特性，方能将冷量（热量）直接送至工作区末端，提高送风温度效率。

2.3.3 圆柱贴附通风气流流型

圆柱贴附通风试验模型尺寸如图 2-17 所示，直径 $d = 1.0$m 的圆柱设置于房间的中央，圆柱顶部静压箱开设宽度 $b = 0.05$m 的环形条缝送风口，出风口高度 $h = 2.5$m。圆柱贴附通风流场可视化及流型如图 2-21、图 2-22 所示，其竖向贴附区流场与竖壁、矩形柱相类似，在地面形成以圆柱（柱基）为中心沿地面扩

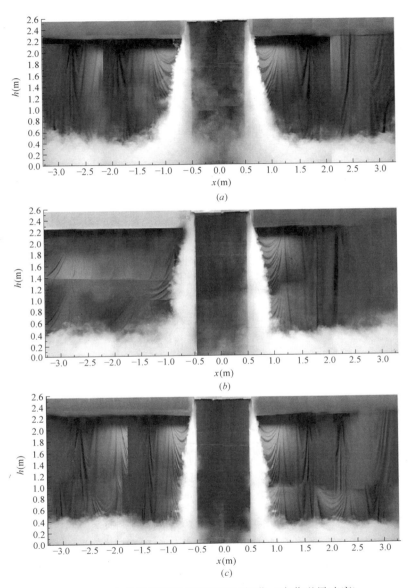

图 2-19 方柱贴附通风气流流型可视化（变化送风速度）

（a）$u_0 = 1.0 \text{m/s}$；（b）$u_0 = 1.5 \text{m/s}$；（c）$u_0 = 2 \text{m/s}$

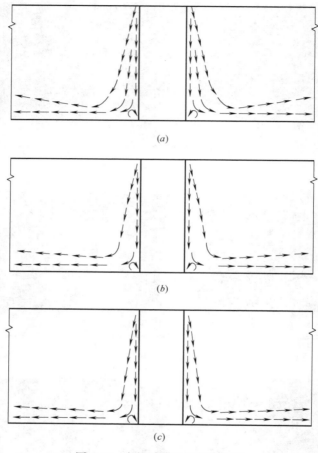

图 2-20　方柱贴附通风气流流型

（a）$Re=3320$；（b）$Re=4980$；（c）$Re=6640$

散的包络面（类似于水波涟漪扩散），图 2-17 中区域 Ⅰ-Ⅶ 的流动完全相同。气流沿地面以包络面沿径向射程不断扩大，其速度衰减较竖壁及矩形柱送风模式更快。比较送风速度 1.0～2.0m/s，速度增加时空气湖厚度减小，水平射程增加。在多柱体空间中，每根圆柱送风控制区域半径应为柱间距的一半左右。

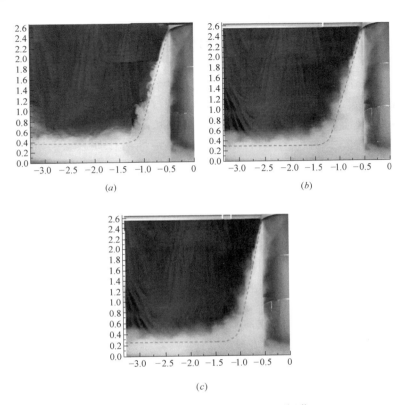

图 2-21 圆柱贴附通风气流流型可视化

（a）$u_0 = 1.0 \text{m/s}$；（b）$u_0 = 1.5 \text{m/s}$；（c）$u_0 = 2.0 \text{m/s}$

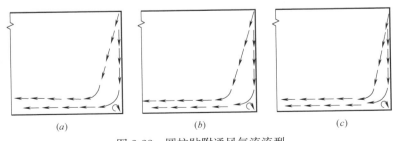

图 2-22 圆柱贴附通风气流流型

（a）$Re = 3320$；（b）$Re = 4980$；（c）$Re = 6640$

2.4　贴附通风与混合通风、置换通风比较

如本书第 1.1 节所述，气流组织的实质是以气流控制室内温度、湿度、空气流速以及室内污染物浓度的分布。科学合理的气流组织应该是低能耗，高空气品质，创造所需的室内环境[17,20,28,29,53,86,87]。各种通风方式的特性对比如表 2-3 所示。可以看出，贴附通风是一种介于置换通风和混合通风之间、温度效率较高的气流组织形式。它既有混合通风送风口容易布置、不占用工作区之便利，且具有置换通风室内空气品质好、温度效率高之优点，较好地解决了置换通风造价大且占用有效空间的问题，又能达到几乎同置换通风相媲美的通风效果。

混合通风、置换通风及贴附通风气流组织比较

表2-3

通风方式	混合通风[17,88]	置换通风[17,86,87]	竖壁贴附通风	柱面贴附通风
示意图				
被调区域控制目标	消除全室内负荷	消除部分室内负荷，即消除工作区（控制区）负荷为目标		
运动特征·运动机制	全室内温湿度均匀，惯性力主导，机械力与热浮力逆向，热浮力对流流动产生抑制作用，气流强烈掺混	空间存在温度梯度，热浮力主导，机械力与热浮力同向，浮力对流流动产生助推作用	惯性力和热浮力共同主导流动，机械力与热浮力同向，浮力对流流动产生卷吸	惯性力和热浮力共同主导流动，机械力与热浮力同向，浮力对流产生助推作用，热湿羽流卷吸
气流特征	大温差、高风速	小温差、低风速	较大温差，可适当提高送风速度（介于混合通风与置换通风之间）	
送风参数特点	利用顶棚空间	占用下部使用空间	利用顶部空间	利用柱体上部空间
空间利用情况	一般	高	一般	一般
工程造价情况	一般	高	一般	一般
通风效果·温度（浓度）分布	温度（浓度）均匀一致	温度（浓度）分层		
空气品质	接近回风	更接近送风		
换气效率	约50%	50%~100%		
通风（温度）效率	约1.0	1.2~1.5（办公建筑）与空间高度有关，对高大空间效率更高	1.1~1.4（办公建筑）与空间高度有关，对高大空间效率更高	1.1~1.3（办公建筑）与空间高度有关，对高大空间效率更高

第 ③ 章

等温贴附通风空气分布机理

要正确地设计通风，必须考虑下列确定空气运动的因素：

（1）射流（送风）及房间内排风的空气分布情况及其参数；

（2）房间及风口的几何参数；

（3）改变气流运动状态的热源（污染源）分布及其散热量（污染物散发量）；

（4）热源（冷源）及工艺生产活动产生的气流。

本章主要阐明有组织等温贴附湍流射流的规律，主要包括竖向贴附区及水平空气湖贴附区的送风射流流动理论。应该注意的是，贴附射流与自由射流的运动特性存在显著的差异，本章主要阐述了等温贴附送风的特征参数及空气湖气流运动特性，并分析了送风口距壁面不同距离时，产生的偏转贴附气流运动。阐述了贴附送风射流与竖壁及地板的相互作用关系，给出了等温贴附通风的参数关联式。

3.1 贴附射流参数分析

当送风口位于竖壁及其附近（距壁面不超过临界距离，将在本书第3.6节阐述），送风射流进入房间后，受康达效应影响，形成受限贴附射流——趋近壁面的附面层（边界层）及远离壁面的自由剪切流。

湍流贴壁射流也可分为内外两层。内层（即壁面附近），流

场与平板边界层相仿；外层，流场与
自由射流相仿。内外两层以 $u=u_\mathrm{m}$
为界，如图 3-1 所示。

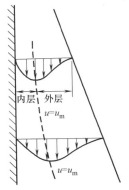

从通风空调气流组织控制区域的
角度而言，整个室内区域可分为射流
区（包括内、外层两个区域）和弥散
区（贴附通风环境控制速度 $u \leqslant$
0.3m/s，对于暂时停留区，如地铁
站等，或工业厂房，如水力发电厂地
面厂房工作区等，可放宽至 $0.3 \sim$
0.8m/s）。ASHRAE 55-2017 指出，
操作温度为 26℃时，可接受的风速
最大为 0.8m/s。

图 3-1　湍流贴壁射流内、
外层（以 $u=u_\mathrm{m}$ 为界）

湍流贴壁射流区可采用条缝送风口宽度 b、射流出口速度 u_0
作为基本特征尺标。对进入静止空气中的贴附射流而言，反映平
均流动性质的关键参数为轴线流速 u_m（即最大流速）和射流厚
度；其中射流厚度可分为内层厚度 δ_m（贴附射流轴线流速 u_m
处至壁面距离），射流特征厚度 $\delta_{0.5}$（贴附射流外层 $u=0.5u_\mathrm{m}$
处距壁面距离），以及总厚度 δ_0（贴附射流外层边界距壁面距
离），示于图 3-2 中。通过无量纲特征参数可将贴附通风流动速
度分布等参数作归一化处理。贴附射流特性主要与送风速度
（u_0）、送排风温度（t_0、t_e）、室内负荷（Q）、送排风口位置
（h、S）等因素有关。对于光滑壁面贴附射流，无量纲特征参数
主要包括：

贴附射流轴线速度 $\dfrac{u_\mathrm{m}}{u_0}$；

主体断面速度分布 $\dfrac{u}{u_\mathrm{m}}$；

射流特征厚度 $\delta_{0.5}$；

射流方向主体段断面流量变化 $\dfrac{Q}{Q_0}$；

以及射流轴线无因次过余温度 $\dfrac{t_\mathrm{m}-t_\mathrm{n}}{t_0-t_\mathrm{n}}$（对非等温射流）。

此外，对于偏转贴附射流，还应考虑贴附点位置等。最能描绘空气射流根本宏观特征的参数是射流轴线速度 $u_\mathrm{m}(x,\,y)$、断面厚度 $\delta(x,\,y)$、断面速度分布 $u(x,\,y)$。

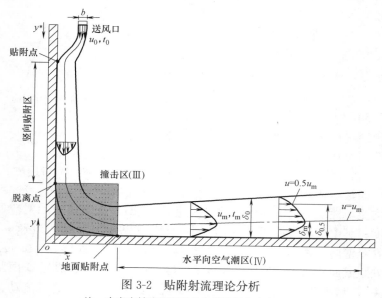

图 3-2　贴附射流理论分析

注：本书中轴线速度定义为射流最大流速 u_m。

为叙述方便起见，本书采用的坐标系原点位于射流贴附面与地板的交汇点，如图 3-2 所示。

需要一提的是，在贴附射流的流场分析中，涉及了两种直角坐标系，即 $x-y$ 和 $x-y^*$，z 轴垂直于坐标平面，如图 3-3 所示。这两种坐标系的区别只是在于 y 和 y^* 方向相反，且平移了高度 h，即 $y^*=h-y$，h 表示两种坐标系原点之间的距离，其物理意义是送风口高度，目的是从射流入口及通风房间观察者的角度来考察贴附送风气流流动的过程。本书中，关于贴附通风射流的理论分析中主要采用了 $x-y^*$ 坐标系（见图 3-3）。

48

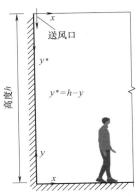

图 3-3 贴附通风射流分析用坐标系

贴附射流送风主要特征参数如表 3-1 所示。

贴附射流无因次特征参数 表 3-1

参数	竖直贴附区	水平空气湖区
(1)射流轴线速度	$\dfrac{u_{\mathrm{m}}}{u_0}=f\left(\dfrac{y^*}{b}\right)$	$\dfrac{u_{\mathrm{m}}}{u_0}=f\left(\dfrac{x}{b}\right)$
(2)断面速度分布	$\dfrac{u}{u_{\mathrm{m}}}=f\left(\dfrac{x}{\delta_{0.5}}\right)$	$\dfrac{u}{u_{\mathrm{m}}}=f\left(\dfrac{y}{\delta_{0.5}}\right)$
(3)特征厚度	$\delta_{0.5}=f(y^*)$	$\delta_{0.5}=f(x)$
(4)断面流量	$\dfrac{Q}{Q_0}=f\left(\dfrac{y^*}{b}\right)$	$\dfrac{Q}{Q_0}=f\left(\dfrac{x}{b}\right)$
(5)轴线过余温度(非等温射流)	$\dfrac{t_{\mathrm{m}}-t_{\mathrm{n}}}{t_0-t_{\mathrm{n}}}=f\left(\dfrac{y^*}{b}\right)$	$\dfrac{t_{\mathrm{m}}-t_{\mathrm{n}}}{t_0-t_{\mathrm{n}}}=f\left(\dfrac{x}{b}\right)$
(6)贴附距离	$S/b, s/b$	—

3.2 贴附射流撞击区

竖向射流从孔口射出并沿壁面运动，与地板（或导流板）发生碰撞后转向为水平方向流动，射流撞击区定义为受撞击影响，速度、压力等受到波及的区域，其值约离开壁面（竖直及水平壁面）0.5～1.0m 区域（图 3-2 阴影区域）。此外，从图 3-2 可看出，脱落点即为竖向贴附区的结束位置，撞击区的起始位置；射流地面贴附点则为撞击区的结束位置，也是水平贴附区的起始位置。定义轴线速度偏离竖向贴附区主体段轴线规律的起始位置为竖壁脱落点。在撞击区域，射流接近地面时逆压梯度增加，与壁面分离，撞击水平地面后，产生水平方向气流运动。图 3-4 给出了不同送风速度 u_0 对应的撞击区域内速度以及水平空气湖区速度分布的状况。随着送风速度的增加，送风速度由 1.0m/s 增加至 2.0m/s，撞击区内转角区的顺时针漩涡由大变小，这是由于随着速度增加，撞击地面冲量进一步增强，对转角部位的流动形成更大挤压，使回流漩涡相应缩小，比较图 3-4（a）、（d）及图 3-4（c）、（f）拐角区域，进一步支持了这一论点。

从图 3-4（g）可以看出，在撞击区外，速度衰减规律呈现

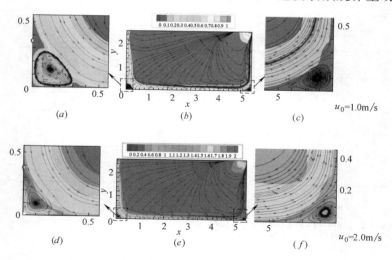

图 3-4　送风速度改变时撞击区域的风速分布（一）

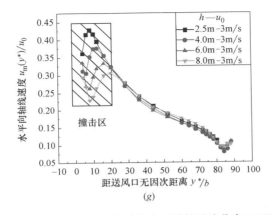

图 3-4　送风速度改变时撞击区域的风速分布（二）

注：（a）～（f）为贴附射流撞击区或拐角区气流流动。

（g）水平区域轴线速度随距离 x/b 的变化

相似性。在撞击区内，随着送风速度的增加，撞击后水平空气湖"动压复得"——"起始速度"也相应增加：当送风速度为 1.0m/s 时，水平空气湖的起始速度处于 0.3～0.5m/s 之间，而当送风速度为 2.0m/s 时，起始速度处于 0.8～1.1m/s 之间。碰撞区域内的速度沿 90°角平分线呈现近似对称分布。

相邻两壁面的夹角大小对流动也有影响。射流入口位于建筑交角区域（凹角或拐角）时，即送风口位于两墙阴角区（建筑专业术语，阴角指凹进的墙角，阳角指凸出的墙角），射流流动边界随送风速度而产生显著变化。图 3-5 表示了两壁面夹角（二面角）60°的流动边界层。如以极坐标表示，角分线上（ρ/d_h 是无因次极坐标，坐标位置/水力直径）存在层流与湍流的分界点，该点之前为黏性底层区（层流底层），其后为湍流区域[90]。贴附流动与角的尖锐程度及送风雷诺数 Re（速度）大小有关，夹角越小，沿凹角贴附流动的黏性底层越大，Re 数越大，其黏性底层越小。

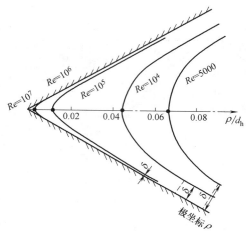

图 3-5　凹角（拐角）流动边界层[90]

注：• 代表层流区→紊流区分界点；δ 为边界层厚度；壁面夹角 60°

3.3　等温竖壁贴附通风及参数关联式

室内空气运动状态由射流和热羽流（如果存在热源）的时均流动和湍流特性所控制，而射流和羽流本身又取决于环境条件。为设计室内良好的空气分布，需要弄清基本物理机制，掌握预测这些空气流动的方法。本节给出预测不同条件下射流性能的数学模型和关联式。

从宏观上讲，可将贴附射流湍流中的速度分解为时均量 u_m 与脉动量 u'、v'、w'。Eckert 曾对光滑壁面射流边界层内脉动速度分量 u'、v'、w' 进行了测试，结果表明，对于贴附边界层，u'、v'、w'（脉动速度）的数值约为主流（时均）速度 u_m 的 4%～8%（见图 3-6）[91]。由此可见，贴附通风竖向贴附区、空气湖区轴线及断面的时均速度分布能够体现贴附流动过程的根本性特征。

本节主要阐述等温条件下竖向贴附区、空气湖区轴线速度以

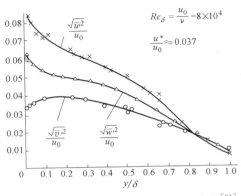

图 3-6　壁面射流边界层的脉动速度分量[91]

及断面速度的时均速度分布规律、特征厚度等参数计算关联式。

3.3.1　竖向贴附区轴线速度（最大流速分布）

到目前为止，不可压缩流动对于湍流边界层的理论计算还没有发展到足以摆脱半经验理论的程度，本书力图建立贴附通风轴线速度 u_m 半经验理论公式。对于贴附射流，前文可视化研究已给出了几点明确结论：

（1）在一定轴向距离后，贴附射流时均速度（包括轴线流速、断面流速等）分布都存在仿射相似，按图 3-3 坐标系，可由函数式 $f\left(\dfrac{u}{u_0},\ \dfrac{y^*}{b},\ \dfrac{x}{b}\right)=0$ 描述；

（2）对于二维竖壁贴附轴线速度，可简化为 $f\left(\dfrac{u_m}{u_0},\ \dfrac{y^*}{b}\right)=0$，或对水平空气湖区，简化为 $f\left(\dfrac{u_m}{u_0},\ \dfrac{x}{b}\right)=0$。

下面借鉴 Prandtl 紊流新假设，从理论上推导轴线速度分布关系式，即从运动方程组出发，导出速度分布函数。壁面贴附射流的速度剖面都是彼此相似的，即在各不同的距离 y^* 上，只要适当地选取速度和宽度的尺度因子，速度剖面就可以完全重合。

首先考虑贴附湍流射流的控制方程，基于边界层近似，压力处处均匀，并引入涡黏性系数ϵ，其动量方程为：

$$u\,\frac{\partial u}{\partial y^*}+v\,\frac{\partial u}{\partial x}=\frac{\partial}{\partial x}\left(\epsilon\frac{\partial u}{\partial x}\right) \qquad (3\text{-}1)$$

连续性方程为：

$$\frac{\partial u}{\partial y^*}+\frac{\partial v}{\partial x}=0 \qquad (3\text{-}2)$$

边界条件为：

$$\text{在 } x=0 \text{ 处}, u=v=0;$$
$$\text{在 } x\to\infty \text{ 处}, u\to 0（\text{环境流体速度为 } 0）$$

式中　y^*——平行壁面方向某一点至射流出口（送风口）的距离；

　　　　x——垂直壁面方向；

　　　　u——沿 y^* 方向的速度分量；

　　　　v——沿 x 方向的速度分量；

　　　　ϵ——涡黏性系数。

关于ϵ的特性必须作某些假定，下面采用 Prandtl[92] 提出的自由紊流新假说，即横穿边界层的涡黏性系数保持为常数，并与流体微团内时均速度的最大差值和边界层宽度的积成比例［即涡黏性系数$\epsilon=\rho k\delta\,(\bar{u}_{\max}-\bar{u}_{\min})$，其中 ρ 为密度，k 为经验常数，δ 为边界层宽度，$\bar{u}_{\max}-\bar{u}_{\min}$ 为流体微团内时均速度的最大差值；该式是普朗特对自由紊流射流的大量测试数据整理得到的］。

若式（3-1）存在相似性解[93]：

$$u\sim y^{*\,\mathrm{p}},\delta\sim y^{*\,\mathrm{q}},\epsilon\sim y^{*\,\mathrm{p+q}}$$

$$\frac{\partial u}{\partial y^*}\sim p-1,u\,\frac{\partial u}{\partial y^*}\sim 2p-1$$

根据边界层理论，x 为垂直于壁面的距离，应当有 δ 的量级，即 $x\sim\delta$，则

$$\frac{\partial}{\partial x}\left(\epsilon\frac{\partial u}{\partial x}\right)\sim 2p-q$$

式（3-1）两端应同样地随 y 变化，于是有：

$$2p - 1 = 2p - q, q = 1 \tag{3-3}$$

下面引入（外部）动量通量 F，式（3-1）乘以 y^* 并对 x 从 x 到 ∞ 积分，得：

$$\int_x^\infty y^* u \frac{\partial u}{\partial y^*} \mathrm{d}x + \int_x^\infty y^* v \frac{\partial u}{\partial y^*} \mathrm{d}x = \int_x^\infty y^* \epsilon \frac{\partial^2 u}{\partial x^2} \mathrm{d}x \tag{3-4}$$

考虑到 $x \to \infty$ 时，$u \to 0$，化简得：

$$\frac{\partial}{\partial y^*} \int_x^\infty y^* u^2 \mathrm{d}x - y^* vu + y^* \epsilon \frac{\partial u}{\partial x} = 0 \tag{3-5}$$

上式乘以 $y^* u$，并对 x 从 0 到 ∞ 积分，得：

$$\frac{\partial}{\partial y^*} \int_x^\infty y^* u \left\{ \int_x^\infty y^* u^2 \mathrm{d}x \right\} \mathrm{d}x - \int_x^\infty \frac{\partial (y^* u)}{\partial y^*} \left\{ \int_x^\infty y^* u^2 \mathrm{d}x \right\} \mathrm{d}x$$
$$- \int_0^\infty y^{*2} vu^2 \mathrm{d}x + \left[\frac{1}{2} \epsilon y^{*2} u^2 \right]_0^\infty = 0 \tag{3-6}$$

由连续性方程，式（3-6）的第二项变为：

$$- \left[y^* v \int_x^\infty y^* u^2 \mathrm{d}x \right]_0^\infty + \int_0^\infty y^{*2} vu^2 \mathrm{d}x$$

在 $x = 0$ 处，$u = v = 0$；在 $x \to \infty$ 处，$u \to 0$，式（3-6）化简为：

$$\frac{\partial}{\partial y^*} \int_0^\infty y^* u \left\{ \int_x^\infty y^* u^2 \mathrm{d}x \right\} \mathrm{d}x = 0$$

或

$$F = \int_0^\infty y^* u \left\{ \int_x^\infty y^* u^2 \mathrm{d}x \right\} \mathrm{d}x = 常数 \tag{3-7}$$

上式的物理意义为外部动量通量的通量保持守恒，在相似性解的情形下，该积分域的量级为 $x^2 \sim \delta^2 \sim y^{*2q}$，又 $u \sim y^{*p}$，故式（3-7）给出：

$$3p + 2q + 2 = 0 \tag{3-8}$$

式（3-3）和式（3-8）联立解得：

$$p = -\frac{4}{3}, q = 1 \tag{3-9}$$

即

$$u \sim (y^*)^{-\frac{4}{3}}, \delta \sim (y^*)^1$$

设

$$\frac{u}{u_m} = g\left(\frac{x}{\delta}\right) \tag{3-10}$$

根据量纲一致性原理，则有：

$$u_m \sim (y^*)^{-\frac{4}{3}}$$

故壁面贴附射流轴线速度 u_m 以幂次律表示为：

$$\frac{u_m(y^*)}{u_0} \sim \left(\frac{y^*}{b}\right)^{-\frac{4}{3}} \tag{3-11a}$$

或

$$\frac{u_0}{u_m(y^*)} \sim \left(\frac{y^*}{b}\right)^{\frac{4}{3}} \tag{3-11b}$$

上式是基于普朗特新假设——横穿边界层的涡黏性系数保持为常数得出来的，普朗特新假设是由自由紊流射流的测试数据整理得到的。因此，当该式用于贴附射流时，应存在一定的差异。不妨假设贴附射流竖向贴附区（主体段）轴线速度 $u_m(y^*)$ 与 y^* 呈负 γ 次幂函数关系，表示为式（3-12）：

$$\frac{u_0}{u_m(y^*)} \sim \left(\frac{y^*}{b}\right)^{\gamma}, \gamma > 0 \tag{3-12}$$

式中，γ 可由试验确定，它反映了贴附射流动量衰减的速率。

图 3-7 示出了贴附送风的竖向贴附区特征参数及轴线速度衰减过程，各特征参数见图 3-7（a），图 3-7（b）给出了不同送风口高度 h 及送风速度 u_0 的竖向贴附区轴线速度衰减特性。图 3-7（b）所示的实测轴线速度衰减规律与上述关于轴线速度 u_m 的理论推导是一致的。

根据以上理论分析，结合竖壁贴附通风试验，得到了可供工程设计应用的竖向贴附区轴线速度的半经验公式：

$$\frac{u_{\mathrm{m}}(y^*)}{u_0} = \frac{1}{0.01\left(\dfrac{y^*}{b}\right)^{1.11} + 1} \qquad (3-13)$$

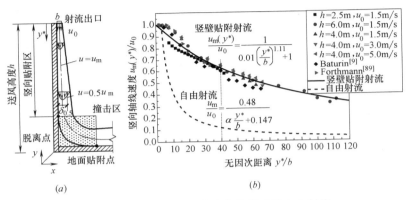

图 3-7 竖向贴附区轴线速度关联式及自由射流

（a）特征参数；（b）竖向贴附区轴线速度

至此，得出了反映竖壁贴附射流主要宏观特征之一的轴线速度分布。可以看出，影响贴附通风竖向区轴线速度 u_{m} 分布规律的主要物理参数有：送风速度 u_0、壁面上某点至送风口的竖向距离 y^*（$y^* = h - y$，也反映了房间高度 h 的影响）、送风口特征尺寸 b 及风口形式。从图中可以看出，尽管变化送风高度 h 及送风速度 u_0，但竖向贴附区轴线速度分布呈现一致相似性。在 $0 \leqslant y^*/b \leqslant 40$ 范围内，射流轴线速度衰减较快（导数或斜率较大），当射流继续沿壁面向下运动时，其轴线速度衰减逐渐减缓，直至某点（脱离点）与竖壁发生分离。

图 3-7 中也绘出了自由射流的轴线速度分布。可以看出，竖壁贴附射流轴线速度分布曲线的斜率远小于自由射流，也即竖壁贴附射流轴线速度衰减更为缓慢。这意味着同样的初始速度，贴附射流能够送达更远的射程范围，以 $y^*/b = 40$ 点为例，自由射流的轴线速度仅为贴附射流的约 20%。

3.3.2 空气湖区轴线速度

贴附射流从竖壁脱离点脱落后，撞击地面，随之以辐射流动方式沿地板向前延伸扩散流动，于水平地面处形成空气湖现象。空气湖直接关系到工作区热环境，因此，阐明水平贴附区的轴线速度变化特性尤为重要。图 3-8 给出了空气湖区特征参数和无因次轴线速度变化过程。图 3-8（b）给出了不同高度 $h=2.5$m、4.0m 和 6.0m 空气湖区的无因次轴线速度分布。可以看出，空气湖区的无因次轴线速度变化呈现较好的相似规律性。与竖向贴附区相比，空气湖区轴线速度衰减速率相对较小。

基于平面射流理论及因次分析，贴附通风水平空气湖区轴线速度 u_m 与送风口形式、送风速度 u_0、任意一点至贴附壁面距离 x、送风口特征尺寸 b 以及送风高度 h 有关，可表示为：

$$f\left(\frac{u_m(x)}{u_0}, \frac{x}{b}, \frac{h}{b}\right) = 0 \tag{3-14}$$

如果用空气湖区无因次轴线速度 $\dfrac{u_m(x)}{u_0}$ 为纵坐标，以无因次距离 $x/b+K_h$ 为横坐标，再把空气湖区轴线速度试验结果绘出，如图 3-8（b）所示，即发现对于不同的送风口高度 h 及送风速度 u_0，空气湖区轴线速度分布均得到相同的曲线。这说明尽管空气湖区不同位置的轴线速度不相同，但若用无因次量 $\dfrac{u_m(x)}{u_0}$ 与 $(x/b+K_h)$ 的关系表示轴线速度分布，则空气湖区轴线速度存在相似性。

根据图 3-8（b）所示的轴线速度衰减规律，类似于对竖壁贴附通风原理分析过程，贴附射流水平空气湖区某点轴线速度与其至竖壁距离 x 及送风口高度 h 分别呈负 α、β 次幂函数关系。把试验结果整理成关联式，则有：

$$\frac{u_m(x)}{u_0} \sim \left(\frac{x}{b}\right)^{-\alpha}, \frac{u_m(x)}{u_0} \sim \left(\frac{h}{b}\right)^{-\beta}$$

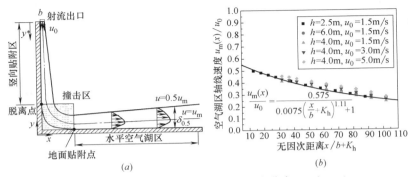

图 3-8　空气湖区特征参数及轴线速度分布（$S/b=0$）

（a）特征参数；（b）空气湖区轴线速度

$$\frac{u_{\mathrm{m}}(x)}{u_0}=\frac{0.575}{0.0075\left(\dfrac{x}{b}+K_{\mathrm{h}}\right)^{1.11}+1} \tag{3-15}$$

式中　h——送风高度，m；

　　　K_{h}——高度修正因子，$K_{\mathrm{h}}=\dfrac{1}{2}\dfrac{h-2.5}{b}$，以 2.5m 起算的距

离，按《办公建筑设计规范》JGJ 67—2006 规定，取

普通办公建筑净高 2.5m 为基准参考值。

3.3.3　断面速度分布

对竖壁贴附射流内层，可以借鉴边界层理论对贴附射流进行
简化，相应运动方程组可表示为：

$$\frac{\partial u}{\partial y^{*}}+\frac{\partial v}{\partial x}=0 \tag{3-16}$$

$$u\frac{\partial u}{\partial y^{*}}+v\frac{\partial u}{\partial x}=-\frac{1}{\rho}\frac{\partial p}{\partial y^{*}}+v\frac{\partial^{2}u}{\partial x^{2}}+\frac{1}{\rho}\frac{\partial \tau_{\mathrm{t}}}{\partial x} \tag{3-17}$$

式中　τ_{t}——紊动切应力。

在光滑壁面上，贴附湍流射流区流动存在相似性，以 u_{m} 为
特征流速，贴附射流外层 $u=0.5u_{\mathrm{m}}$ 处距壁面距离 $\delta_{0.5}$ 为射流的

特征厚度（为方便，有时在下述方程分析时，记为 δ）。射流断面上的流速分布相似关系可表示为[94]：

$$\frac{u}{u_{\mathrm{m}}} = f\left(\frac{x}{\delta}\right) = f(\eta) \tag{3-18}$$

设 $\dfrac{\tau_{\mathrm{t}}}{\rho u_{\mathrm{m}}^2} = g(\eta)$，可以令 $u_{\mathrm{m}} \propto y^{*\,\mathrm{p}}$，$\delta \propto y^{*\,\mathrm{q}}$，由以上各基本方程与相似关系求出指数 p，q 的数值。

据式（3-18）中 $u = u_{\mathrm{m}} f(\eta)$，得到：

$$\frac{\partial u}{\partial y^*} = \frac{\partial}{\partial y^*}(u_{\mathrm{m}} f) = u_{\mathrm{m}} \frac{\mathrm{d}f}{\mathrm{d}\eta}\frac{\partial \eta}{\partial \delta}\frac{\mathrm{d}\delta}{\mathrm{d}y^*} + f\frac{\mathrm{d}u_{\mathrm{m}}}{\mathrm{d}y^*} = u_{\mathrm{m}} f'\frac{x}{\delta^2}\delta' + f u'_{\mathrm{m}} \tag{3-19}$$

$$u\frac{\partial u}{\partial y} = u_{\mathrm{m}} u'_{\mathrm{m}} f^2 - \frac{u_{\mathrm{m}}^2 \delta'}{\delta}\eta f f' \tag{3-20}$$

根据式（3-16），可以得到：

$$v = \int_0^x \frac{\partial v}{\partial x}\mathrm{d}x = -\int_0^x \frac{\partial u}{\partial y}\mathrm{d}x = \int_0^x \left(\frac{u_{\mathrm{m}}\delta'}{\delta}\eta f' - u'_{\mathrm{m}} f\right)\mathrm{d}x$$

$$= u_{\mathrm{m}}\delta'\int_0^x \eta f'\mathrm{d}\eta - u'_{\mathrm{m}}\delta\int_0^x f\mathrm{d}x \tag{3-21}$$

$$\frac{\partial u}{\partial x} = \frac{\partial}{\partial x}(u_{\mathrm{m}} f) = u_{\mathrm{m}} f'\frac{\partial \eta}{\partial x} = \frac{u_{\mathrm{m}}}{\delta}f' \tag{3-22}$$

$$v\frac{\partial u}{\partial x} = \frac{u_{\mathrm{m}}^2 \delta'}{\delta}f'\int_0^\eta \eta f'\mathrm{d}\eta - u_{\mathrm{m}} u'_{\mathrm{m}} f'\int_0^\eta f\mathrm{d}\eta \tag{3-23}$$

$$\frac{1}{\rho}\frac{\partial \tau_{\mathrm{t}}}{\partial x} = \frac{1}{\rho}\frac{\partial}{\partial x}(\rho u_{\mathrm{m}}^2 g) = \frac{u_{\mathrm{m}}^2}{\delta}\frac{\partial g}{\partial \eta} = \frac{u_{\mathrm{m}}^2}{\delta}g' \tag{3-24}$$

在上列各关系式中，$\delta' = \dfrac{\mathrm{d}\delta}{\mathrm{d}y}$；$u'_{\mathrm{m}} = \dfrac{\mathrm{d}u_{\mathrm{m}}}{\mathrm{d}y}$；$f' = \dfrac{\mathrm{d}f}{\mathrm{d}\eta}$；$g' = \dfrac{\mathrm{d}g}{\mathrm{d}\eta}$。

在多数情况下雷诺数 $\dfrac{u_{\mathrm{m}}\delta}{v}$ 都较大，式（3-17）中的黏性项可以忽略，将式（3-20）、式（3-23）、式（3-24）代入式（3-17），

考虑到 $\dfrac{\partial p}{\partial y}=0$，可以得到：

$$g' = \frac{\delta u'_m}{u_m}\left(f^2 - f'\int_0^\eta f\,\mathrm{d}x\right) - b'\left(\eta ff' - f'\int_0^\eta \eta f'\,\mathrm{d}\eta\right)$$

$$(3\text{-}25)$$

因 g' 只是 η 的函数，因此，式（3-25）中右边也应该是 η 的函数，则 $\dfrac{\delta u'_m}{u_m}$ 和 δ' 应与 y 无关，即

$$\frac{\delta u'_m}{u_m}\sim y^0, \delta'\sim y^0$$

故指数 $q=1$，即 $\delta\sim y$。

再根据动量守恒定理，可以得到：

$$\frac{\mathrm{d}}{\mathrm{d}y}\int_0^\infty \rho u^2\,\mathrm{d}x = 0 \qquad (3\text{-}26)$$

把式（3-18）代入式（3-26）可以得到：

$$\frac{\mathrm{d}}{\mathrm{d}y}\rho u_m^2\int_0^\infty f^2\,\mathrm{d}\eta = 0 \qquad (3\text{-}27)$$

由此可以得到：$u_m^2\delta\sim y^0$，$2p+q=0$。

因有 $q=1$，则得到 $p=-0.5$。由此得，$\delta_{0.5}\sim y^*$，$\dfrac{u_m}{u_0}\sim 1/\sqrt{\dfrac{y^*}{b}}$。

对整个湍流贴壁射流区，作者从试验得出的断面速度分布与 Glauert[93]、Verhoff[95]、Schwarz 等[96] 给出的结果是一致的。

以上分析表明，竖壁贴附送风不同位置处的断面速度分布也存在相似性，如图 3-9 所示。在近壁面区域，断面速度由壁面开始迅速增加，在 $\eta=0.25$ 处达到最大值。当 $0.25<\eta\leqslant 2.0$ 时，断面速度逐渐降低，直至射流外缘与环境速度趋向一致。断面速度分布可由指数表达式计算：

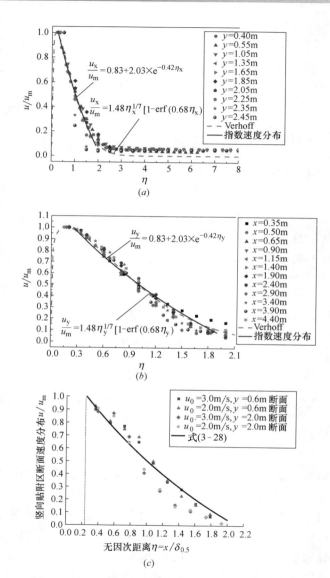

图 3-9　竖壁贴附通风射流断面实测速度分布（一）
（a）竖向贴附区；（b）空气湖区；（c）竖向贴附区（现场实测）

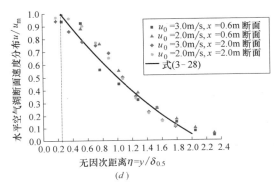

图 3-9　竖壁贴附通风射流断面实测速度分布（二）

（d）空气湖区（现场实测）

$$\frac{u}{u_m} = -0.83 + 2.03 \times e^{-0.42\eta}\ (0.25 \leqslant \eta \leqslant 2)\ R^2 = 0.995$$

$$(3\text{-}28)$$

式中　η——无因次距离，对于竖向贴附区，$\eta = \dfrac{x}{\delta_{0.5}}$；对于水平

空气湖区，$\eta = \dfrac{y}{\delta_{0.5}}$。

对于贴附通风，通过试验数据发现，整体断面速度分布也可以由 Verhoff 经验公式［式（3-29）］描述，基于扩展康达效应[31]的水平空气湖段的断面速度分布，同样可以用该式表示。

$$\frac{u}{u_m} = 1.48\eta^{1/7}[1 - \mathrm{erf}(0.68\eta)] \qquad (3\text{-}29)$$

该关联式与实测数据符合良好，如图 3-10 所示。

当 $\dfrac{u}{u_m} = 1$ 时，可得轴线速度（最大流速）的轨迹方程，对于竖向贴附区，轴线位置 x 坐标可由下式计算：

$$x = 0.247\delta_{0.5} = 0.247a(y^* + c) \qquad (3\text{-}30)$$

这与前述分析结果 $\delta_{0.5} \sim y^*$ 是完全一致的。

对于水平空气湖区，轴线位置 y 坐标可由下式计算：

$$y^* = 0.247\delta_{0.5} = 0.247a(x+c) \tag{3-31}$$

即贴附射流的内层厚度 $\delta_m = 0.247\delta_{0.5}$。

其中，a 和 c 均为经验常数，贴附通风气流组织的 a 和 c 值将在第 3.3.4 节给出。

3.3.4 贴附射流特征厚度

由于射流的紊流脉动性，贴附送风自由侧不断卷吸周围空气，射流厚度沿射程逐渐增加（见图 2-10）。图 3-10（a）表明，

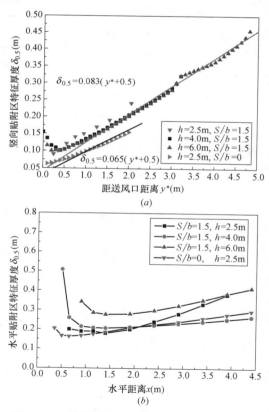

（a）

（b）

图 3-10 不同偏转距离下的贴附射流特征厚度

（a）竖向贴附区；（b）空气湖区

尽管送风工况不同（S/b、h 变化），贴附射流特征厚度 $\delta_{0.5}$ 均沿射流运动方向呈线性增加，由此看出，送风口应靠近竖壁。比较 $S/b=0$ 完全贴附和 $S/b=1.5$，发现相同送风速度，前者射流厚度扩展相应较小，这意味着气流运动相同射程，与周围流体掺混较小，动量保持性较好。改变送风口高度 $h=2.5\mathrm{m}$、$4.0\mathrm{m}$ 和 $6.0\mathrm{m}$，在贴附区内，射流特征厚度随送风射程也存在自相似性。

基于壁面射流及贴附通风理论研究，贴附通风竖向区特征厚度 $\delta_{0.5}$ 与送风口形式（形状因子 C）及任意一点至送风口距离 y^{*} 相关，可表示为：

$$f(\delta_{0.5}, y^{*}, C)=0 \tag{3-32}$$

根据图 3-10（a）所示的轴线速度变化，竖壁贴附通风竖向贴附区特征厚度 $\delta_{0.5}$ 与任意一点至送风口距离 y^{*} 呈正比，这与之前的理论推导是相吻合的，该函数关系可表示为式（3-33）：

$$\delta_{0.5}=a(y^{*}+c) \tag{3-33}$$

式中　a、c——试验常数，风口贴于壁面时（$S/b=0$），$a=0.065$，$c=0.5$；风口离开壁面时，与 S 有关，如对偏转 $S/b=1.5$，$a=0.083$，$c=0.5$。

注意，该关联式只适用于竖向贴附区特征厚度的计算。

在射流撞击区存在逆压梯度，如图 3-10（b）所示，撞击区内发生射流转向，其影响范围 $x=0.5\sim1.0\mathrm{m}$，之后贴附于地面继续向前扩散运动，射流特征厚度逐渐扩大。可以看出，水平射流扩展厚度规律与竖向贴附区一致，并与送风速度、风口偏转距离、风口高度等因素有关。

3.3.5　断面流量卷吸

射流断面流量可通过对断面积分来计算，见式（3-34）。

$$Q=\int_{0}^{\infty} u\,\mathrm{d}x \tag{3-34}$$

其中断面速度分布由式（3-29）表示：

$$\frac{u}{u_{\mathrm{m}}}=1.48\eta^{1/7}[1-\mathrm{erf}(0.68\eta)] \tag{3-29}$$

其中，$\eta=\dfrac{x}{\delta_{0.5}}$。

将式（3-29）代入式（3-34），得：

$$Q=u_{\mathrm{m}}\delta_{0.5}\int_{0}^{\infty}f\mathrm{d}\eta=u_{\mathrm{m}}\delta_{0.5}\int_{0}^{\infty}1.48\eta^{1/7}[1-\mathrm{erf}(0.68\eta)]\mathrm{d}\eta$$

$$=1.093u_{\mathrm{m}}\delta_{0.5}$$

$$\tag{3-35}$$

轴线速度分布由式（3-13）表示：

$$\frac{u_{\mathrm{m}}(y^{*})}{u_{0}}=\frac{1}{0.01\left(\dfrac{y^{*}}{b}\right)^{1.11}+1} \tag{3-13}$$

竖向贴附区特征厚度 $\delta_{0.5}$ 由式（3-33）表示：

$$\delta_{0.5}=0.065(y^{*}+0.5) \tag{3-33}$$

将式（3-13）、式（3-33）代入式（3-35），得：

$$Q=u_{0}\frac{0.071(y^{*}+0.5)}{0.01\left(\dfrac{y^{*}}{b}\right)^{1.11}+1} \tag{3-36}$$

射流初始流量为：

$$Q_{0}=u_{0}b \tag{3-37}$$

用式（3-37）无量纲化式（3-36）有：

$$\frac{Q}{Q_{0}}=\frac{0.071(y^{*}+0.5)}{b\left(0.01\left(\dfrac{y^{*}}{b}\right)^{1.11}+1\right)} \tag{3-38}$$

式中　Q——竖向贴附区任意断面射流流量，$\mathrm{m}^{3}/\mathrm{s}$；

$\quad\quad Q_{0}$——射流初始流量，即送风量，$\mathrm{m}^{3}/\mathrm{s}$。

3.4 柱壁贴附通风气流流动

3.4.1 矩形柱贴附射流

上节主要阐述了竖壁贴附通风轴线速度衰减规律以及断面速度分布、特征厚度等参数计算关联式。实际上，关于柱面贴附通风流动机理与竖壁贴附通风相比具有一定的类似性。

矩形柱，包括方柱、多棱柱等，从本质上而言，其贴附送风模式与竖壁具有类似的气流运动特性。二者相同点在于，位于矩形柱上部的回形条缝风口送出气流，基于康达效应沿柱面向下贴附流动，接近地面附近时，受逆压梯度的影响射流脱离壁面，撞击地面后，再次与地面贴附呈现水平扩散流动（扩展康达效应）。矩形柱与竖壁贴附的不同点在于，柱面棱角导致两相邻柱面贴附送风与地面发生碰撞后，产生交汇与叠加，消耗了部分射流动量，在同等送风速度下，空气湖区的流动速度低于竖壁贴附通风。

1. 竖向贴附区轴线速度

从物理意义上，若柱宽 $l \gg b$，那么可将矩形柱看作是无限大平壁，射流特征应当与平壁贴附射流相同。从数学意义上，柱壁贴附射流因其对称性也可以简化为二维射流，控制方程和边界条件与平壁贴附射流相同，因此流动规律性也应当一致。然而，工程实践中，柱子截面的长、宽往往相差不大，一般 $l/b \leqslant 5$，因此其棱角效应对流动是存在影响的，柱壁与竖壁的贴附射流流动不完全相同。另一方面，从多边形"割圆术"的道理来看，长、宽相差不大的矩形柱与圆柱的贴附气流流动规律也具有相似性。

矩形柱贴附区特征参数及轴线速度分布如图 3-11 所示。图 3-11（b）给出了 4 种送风高度时（风口距地面 $h = 2.5\text{m}$、4.0m、6.0m 以及 8.0m），竖向贴附区轴线速度分布状况。可以看出，竖直向贴附区无因次轴线速度随高度无因次的变化存在相似性，无因次轴线速度随 y^*/b 增加呈现下降趋势。类似于竖壁贴附射流，可以得出竖向柱面贴附区的射流轴线速度分布式：

$$\frac{u_m(y^*)}{u_0}=\frac{0.83}{0.01\left(\dfrac{y^*}{b}\right)^{1.11}+1} \tag{3-39}$$

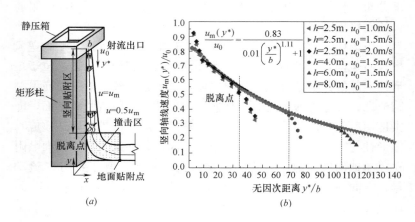

图 3-11 矩形柱贴附通风竖向贴附区的轴线速度分布

（a）特征参数；（b）无因次轴线速度

2. 空气湖区轴线速度

沿地板空气湖区射流特征参数及轴线速度如图 3-12 所示，尽管送风高度不同，其空气湖区无因次轴线速度分布基本一致。矩形柱贴附送风空气湖区的无因次轴线速度随距离（$x/b+K_h$）呈衰减趋势。不同送风高度工况下，沿气流水平运动方向主体轴线速度逐渐衰减，末端衰减速率较小，衰减速度逐渐减小，最终趋近于环境风速。

比较图 3-11 和图 3-12，矩形柱面竖向区轴线速度衰减程度较空气湖区轴线速度快。水平空气湖区轴线速度的分布规律可表示为：

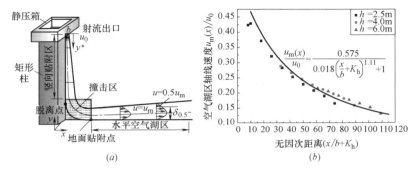

图 3-12　矩形柱贴附通风空气湖区的轴线速度分布

(a) 特征参数；(b) 无因次轴线速度

$$\frac{u_{\mathrm{m}}(x)}{u_0} = \frac{0.575}{0.018\left(\dfrac{x}{b} + K_{\mathrm{h}}\right)^{1.11} + 1} \tag{3-40}$$

式中　K_{h}——高度修正因子，$K_{\mathrm{h}} = \dfrac{1}{2}\dfrac{h-2.5}{b}$，其坐标系见图 3-11 (a)。

3.4.2　圆柱贴附射流

前面已论及，圆柱贴附通风与矩形柱贴附通风颇为类似，两种贴附射流的不同之处在于，圆柱的曲率效应会对贴附射流产生影响。在水平方向上，射流特性沿径向改变，在无限大自由空间，径向、周向特性相同。

Eckert 等人[97]在推导流体平行掠过圆柱形成边界层计算公式时指出，当流体边界层厚度 $\delta \geqslant$ 圆柱半径 r 时，曲率效应的影响很大，但当 $\delta/r < 0.1$ 时，这种影响就可以忽略不计，在圆柱贴附射流的实际工程应用中，满足 $\delta/r < 0.1$ 的条件，因此在贴附射流区域可以将圆柱贴附射流简化成矩形壁或竖壁贴附射流来分析。

1. 圆柱贴附射流竖向贴附区轴线速度

对于圆柱贴附送风，竖向贴附区的射流特征参数及轴线速度衰减如图 3-13 所示。图 3-13 (b) 给出了 $h = 2.5\mathrm{m}$、$4.0\mathrm{m}$、$6.0\mathrm{m}$ 以及 $8.0\mathrm{m}$ 四种送风高度下，圆柱竖向贴附区的轴线速度分布。由图 3-13 (b) 可看出，类似于矩形柱贴附通风，在 $0 < y*/b \leqslant 45$ 范围内，轴线速度迅速衰减，几乎呈线性衰减，而当 $y*/b > 45$ 后，射流轴线速度衰减速率相对减缓。与矩形柱贴附通风相类似，竖向贴附区射流轴线速度分布式为：

$$\frac{u_{\mathrm{m}}(y^*)}{u_0} = \frac{0.83}{0.01\left(\dfrac{y^*}{b}\right)^{1.11} + 1} \qquad (3\text{-}41)$$

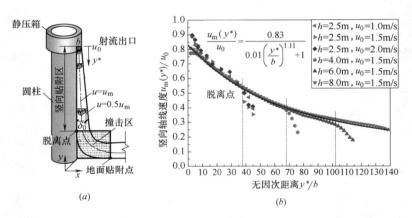

图 3-13　圆柱贴附通风竖向贴附区的轴线速度

(a) 竖向贴附区特征参数；(b) 竖向贴附区无因次轴线速度

值得注意的是，贴附射流接近水平地面时，受撞击区逆压梯度的影响，在分离点处脱离壁面，脱离点位置与送风高度 h 或与地板距离有关。随着 h 增加，射流在离地面较高位置处即与壁面分离（脱离点位置升高）。当送风高度 $h \leqslant 4.0\mathrm{m}$ 时，脱离点高度约为 $0.5\mathrm{m}$；当 h 处于 $6.0 \sim 8.0\mathrm{m}$ 之间时，对应脱离点位置升高至约 $1.0\mathrm{m}$。

2. 圆柱贴附射流空气湖区轴线速度

对较大曲率半径圆柱，空气湖区特征参数及无因次轴线速度分布与矩形柱类似，如图 3-14 所示，无因次轴线速度分布亦存在相似性，空气湖区的无因次轴线速度随 x/b 呈衰减变化，圆柱影响因素类似于竖壁贴附通风，其轴线速度的分布可以用式（3-42）表示：

$$\frac{u_{\rm m}(x)}{u_0}=\frac{0.575}{0.035\left(\dfrac{x}{b}+K_{\rm h}\right)^{1.11}+1} \tag{3-42}$$

式中　$K_{\rm h}$——高度修正因子，$K_{\rm h}=\dfrac{1}{6}\dfrac{h-2.5}{b}$。

注意，该式只适用于贴附区（即不适用于距竖壁 1.0m 内的射流碰撞区）。

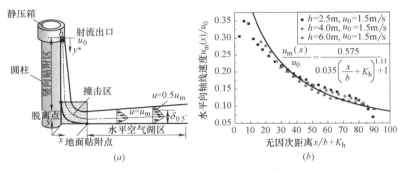

图 3-14　圆柱贴附通风空气湖区的轴线速度

（a）空气湖区特征参数；（b）空气湖区无因次轴线速度

3.5　几种贴附通风射流比较

对比竖壁、柱壁等贴附通风射流轴线速度分布形式，为方便设计计算，现将三种贴附通风射流轴线速度分布关联式比较如下。

3.5.1　竖向贴附区轴线速度比较

竖壁、矩形柱及圆柱贴附通风在竖向贴附区的流动相似，三者在竖向贴附区轴线速度衰减几乎一致，如图 3-15 所示。竖向贴附区无因次轴线速度随无因次距离 y^*/b 均呈指数衰减。

如果考虑工程设计计算的简便性，竖向贴附区轴线速度衰减规律可统一表示为式（3-43），其相对误差约为 10%。送风高度 h 影响脱离点位置，送风高度处于 1.0～8.0m 之间时（对不同的应用场所，如农业设施环境、人体舒适环境等宜选择不同的送风高度），脱离点位置为 0.5～1.0m。

$$\frac{u_m(y^*)}{u_0} = \frac{1}{0.013\left(\dfrac{y^*}{b}\right)^{1.11} + 1} \tag{3-43}$$

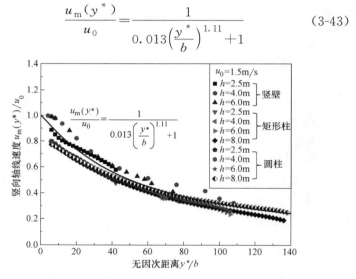

图 3-15　竖壁及柱壁贴附通风竖向轴线速度比较

3.5.2　空气湖区轴线速度比较

不同于竖向贴附区，在水平空气湖区，竖壁、矩形柱及圆柱贴附通风的流场存在较大差异，如图 3-16 所示。无量纲距离 $x/b + K_h < 40$ 时，无因次轴线速度衰减以竖壁最为缓慢、矩形柱次之、圆柱为最快；$x/b + K_h > 40$ 之后，三者轴线速度衰减速率均有所减缓。同一水平位置处，空气湖区的轴线速度始终保持竖壁较大、矩形柱次之、圆柱较小的相对关系。这可以解释为，柱面棱角相交导致空气湖的气流交汇与叠加，消耗送风动量，使得轴线速度衰减快于竖壁。对于圆柱（特别是较小直径），其曲率效应导致空气湖区气流以圆柱为中心呈圆周包络面形式扩散，轴线速度衰减较前两者更快。

竖壁、矩形柱及圆柱贴附通风水平空气湖区轴线速度衰减规律形式上可统一表示为下式：

$$\frac{u_{\mathrm{m}}(x)}{u_0} = \frac{0.575}{C\left(\dfrac{x}{b} + K_{\mathrm{h}}\right)^{1.11} + 1} \qquad (3\text{-}44)$$

式中　C——形状因子，竖壁 $C=0.0075$，矩形柱 $C=0.0180$，
　　　　圆柱 $C=0.0350$；

　　　K_{h}——修正因子，见 3.3 及 3.4 节。

至此，式（3-43）和式（3-44）分别给出了竖壁、矩形柱及圆柱贴附通风竖向贴附区及水平空气湖区轴线速度的统一关联式，其相对计算误差 $\Delta \leqslant 10\%$。

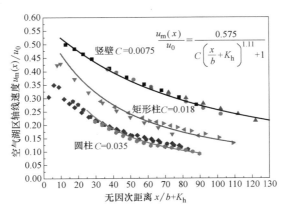

图 3-16　竖壁及柱壁贴附通风在空气湖区的轴线速度对比

关于竖壁、矩形柱以及圆柱贴附通风中射流轴线速度、断面速度分布、特征厚度以及断面流量分布的关联式归纳于表 3-2。

表 3-2

贴附通风气流组织各特性参数关联式

特性参数		竖壁	矩形柱	圆柱	贴附通风射流通用关联式
轴线速度	竖直	$\dfrac{u_m(y^*)}{u_0}=\dfrac{1}{0.01\left(\dfrac{y^*}{b}\right)^{1.11}+1}$	$\dfrac{u_m(y^*)}{u_0}=\dfrac{0.83}{0.01\left(\dfrac{y^*}{b}\right)^{1.11}+1}$		$\dfrac{u_m(y^*)}{u_0}=\dfrac{1}{0.013\left(\dfrac{y^*}{b}\right)^{1.11}+1}$
	水平	$\dfrac{u_m(x)}{u_0}=\dfrac{0.575}{0.0075\left(\dfrac{x}{b}+K_h\right)^{1.11}+1}$	$\dfrac{u_m(x)}{u_0}=\dfrac{0.575}{0.018\left(\dfrac{x}{b}+K_h\right)^{1.11}+1}$	$\dfrac{u_m(x)}{u_0}=\dfrac{0.575}{0.035\left(\dfrac{x}{b}+K_h\right)^{1.11}+1}$	$\dfrac{u_m(x)}{u_0}=\dfrac{0.575}{C\left(\dfrac{x}{b}+K_h\right)^{1.11}+1}$ C 为形状因子：竖壁 $C=0.0075$，矩形柱 $C=0.018$，圆柱 $C=0.035$；K_h 为修正因子，对于竖壁和矩形柱 $K_h=\dfrac{1}{2}\dfrac{h-2.5}{b}$，对于圆柱 $K_h=\dfrac{1}{6}\dfrac{h-2.5}{b}$，
断面速度	竖直/水平	$$\frac{u}{u_m}=1.48\eta^{1/7}[1-\mathrm{erf}(0.68\eta)]$$ 或 $$\frac{u}{u_m}=-0.83+2.03\times e^{-0.42\eta}(0.2\leqslant\eta\leqslant2.0)$$			

3.6　偏转贴附通风射流

在实际工程中，有些场合受安装条件及使用条件限制，送风口难以实现与壁面或柱面完全贴合，射流会发生什么现象？第2章中流型可视化给出了初步答案：通过对壁面流型观察，射流离开风口一段距离后，受康达效应影响，逐渐偏向趋附于壁面（或柱面），形成了偏转贴附通风方式（见图2-11）。本节旨在基于试验数据，分析比较偏转贴附通风射流（$S/b>0$）的特性。

偏转射流与完全贴附送风区别主要存在送风起始阶段（$0<S/b≤S_{max}$，S_{max} 为极限贴附距离）[见图3-17（b）中的康达效应区 I]。随着射流入口与壁面距离 S 逐渐增大，顶部角落区域的气流漩涡变大，卷吸周围空气范围扩大。当 $S/b>S_{max}$ 时，康达效应失效，射流脱离壁面，变为上送混合通风模式。根据试验结果，在通风空调送风速度范围，2.5m 送风高度（办公、住宅类建筑常用送风高度）的极限贴附距离为 $S/b=4.5\sim6.5$，从通风设计安全裕量考虑，可取 $S/b=4.5$ 为临界值。

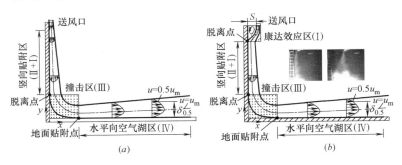

图 3-17　偏转贴附（$S/b>0$）射流送风原理图

（a）$S/b=0$；（b）$S/b>0$

偏转贴附通风设计需注意以下问题：

（1）主体段偏转贴附射流和贴附射流断面速度分布相同，轴线速度衰减相似；

（2）初始段（从射流入口到壁面贴附点）流型偏转呈现近"抛物线"型；

（3）射流入口与壁面距离 S 直接影响贴附效果，当 $S/b >$ S_{max} 时，贴附通风失效，成为混合通风。

下面以 $S/b = 1.5$ 及 $S/b = 4.5$ 为例，讨论偏转贴附通风流动过程。普通办公建筑空间为 $5.40\text{m} \times 7.00\text{m} \times 3.16\text{m}$，条缝送风口尺寸为 $2.00\text{m} \times 0.05\text{m}$，安装高度距地面 2.50m，分析所用模型简图如图 3-18 所示。

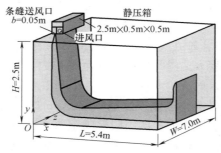

图 3-18　偏转贴附通风分析简图

1. 竖向贴附区射流轴线速度

偏转贴附通风的竖向贴附区轴线速度分布（见图 3-19）表明，偏转贴附射流可分为速度剧烈衰减段（$0 \leqslant y^*/b < 7.5$）和缓慢衰减段（$7.5 \leqslant y^*/b \leqslant 47.5$）两大部分，曲线斜率不同。在 $y^*/b > 47.5$ 之后的区域，射流接近地面（进入碰撞区），逆压梯度进一步加快了速度衰减。

当送风口位置一定时，送风速度对无因次轴线速度斜率的影响较小。当 S/b 由 1.5 增加至 4.5 时，轴线速度减小不超过 20%。送风口距壁面越近，气流与环境空气的掺混程度越小，送风动量衰减越小，流型的保持性（自模性）越强。

2. 水平空气湖区射流轴线速度

类似于竖壁贴附通风，射流撞击地面，在扩展康达效应作用

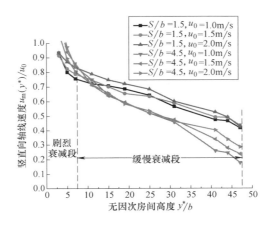

图 3-19 偏转射流竖向贴附区无因次轴线速度

下形成了持续不断的空气湖流动现象。图 3-20 给出了两种送风口位置（$S/b=1.5$ 及 $S/b=4.5$）空气湖内的轴线速度分布。轴线速度随距离 x/b 呈现先增加（$0<x/b\leqslant17.5$）后减小（$x/b>17.5$）变化。对比 $S/b=1.5$ 及 $S/b=4.5$ 两种工况，$x/b\leqslant47.5$ 之前两者轴线速度差距较大，同一位置处，前者大于后者；在离开撞击区较远位置时（$x/b>47.5$），送风口位置对轴线速度影响变得较不明显。

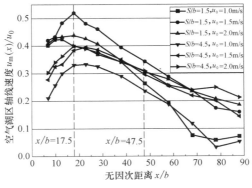

图 3-20 竖壁偏转射流空气湖区轴线速度

　　偏转距离 S 较小时，轴线速度较大，意味着送风口应尽量贴近竖壁布置，送风速度不宜小于 $1m/s$。考虑人体吹风感和噪声限制，一般办公建筑、住宅建筑送风速度宜位于 $1\sim5m/s$ 范围。上述情况下，在设计计算贴附通风气流组织时，S/b 与射程长度相比，可以忽略不计，在实际工程设计应用时，可以按 $S/b=0$ 为射流出口位置来进行设计计算。

　　特别指出，本书研究解决了工程师们设计所需要掌握的室内空气运动参数预测的基础理论依据。撞击区内的空气流动是相当复杂的，其局部空气流动及压力分布则有待于继续深入研究。

第4章

非等温贴附通风空气分布机理

在有限的空间内（室内），加热或冷却的通风气流会与室内热源及障碍物等相互作用，产生特定的温度场、速度场及浓度场，当送风气流以不同的速度或温度直接通过各种热源运动时，就形成了不同的气流流型。本章讨论非等温贴附射流的室内空气运动，为空气分布系统的设计提供理论依据。

本书前面章节所讨论的通风方式均认为送风射流与周围环境空气温度相等，即等温送风。然而，通常情况下，送风射流温度往往高于或低于室温，这取决于需求侧——空间需要供热还是供冷。对于热射流而言，射流的扩散既受到热浮力的影响，又受到送风动量的影响。送风射流的运动过程（气流微团的运动轨迹）实际上是几种力的协同作用所致。

非等温贴附射流具有下列特征：

（1）温差（射流温度与室内温度之差）图比速度图平坦，因热扩散（导温系数）较动能扩散（动量系数）来得更快所致。

（2）如前所述，存在四个射流区段（除偏转段、撞击区外），其速度分布及过余温度分布存在自相似性，如图 4-1 和图 4-2 所示。

需要指出，在建筑热环境控制中，尽管置换通风、热风供暖、分层空调等气流组织甚至消防排烟失效均与热对流或浮力羽流密切相关，但是对每一类问题，因边界条件、作用机制、控制因素各不相同，都要从实际出发，采用不同的方法解决。除了一些工业车间（如铸造等高余热加工车间），对于大量的办公、住宅、商业等民用建筑而言，热源多属于低热强度分散性或集中性热源（散热强度 $q < 50\mathrm{W/m^3}$）。多数情况下，可简化为地板均布热源、空间均布热源或集中体热源。

通过科学设计，冷热贴附射流将有害污染物（包括余热、余湿等）有组织地排走，保证工作区域内所需的温度场、速度场及浓度场，这是通风的科学内涵所在。

4.1　送风温度和散热负荷对竖壁贴附通风的影响

上一章对等温贴附送风轴线速度、特征厚度及断面流量等特征参数进行了分析。本节主要分析热射流（非等温）贴附通风轴线速度和过余温度，为竖壁贴附通风设计及工程应用提供理论依据。

从理论上分析浮升力对贴附射流的影响时，根据动量和浮力的相对大小可将流动分为羽流（也叫热羽流）、动量射流、浮射流（也叫浮力射流）。其中羽流是指射流的初始出射动量很小，进入环境以后靠浮力的作用来促进其进一步运动和扩散，浮力起支配作用；动量射流是指浮力相对于初始出射动量很小，可以忽略浮力的作用，即视为等温机械射流送风；而浮射流则是介于两者之间的一种流动状态。

在考虑密度差产生热浮力的影响下，连续性方程和运动方程可表示成以下形式（坐标系见图 3-3）：

$$\frac{\partial u}{\partial y^*} + \frac{\partial v}{\partial x} = 0 \tag{4-1}$$

$$u\,\frac{\partial u}{\partial y^*} + v\,\frac{\partial u}{\partial x} = g - \frac{1}{\rho}\frac{\partial p}{\partial y^*} + \frac{\partial}{\partial x}\left(\in \frac{\partial u}{\partial x}\right) \tag{4-2}$$

以 ρ_n 表示周围流体密度，并设周围流体的压强在垂向为静压分布，有：

$$\frac{\partial p}{\partial y^*} = \rho_n g \tag{4-3}$$

由于密度差不大，可采用 Boussinesq 近似，即只在重力项上保留密度变化的作用，其余各项都把密度当作常数，式（4-2）中压力梯度项的 ρ 以 ρ_n 代替（除了高温差自然对流，该简化是成立的），则式（4-2）变为：

$$u\frac{\partial u}{\partial y^*} + v\frac{\partial u}{\partial x} = \frac{\rho - \rho_n}{\rho_n}g + \frac{\partial}{\partial x}\left(\in\frac{\partial u}{\partial x}\right) \tag{4-4}$$

在浮射流中，比动量通量 M 和比浮力通量 B 是两个十分重要的参数，它们可以描述浮射流的特征。

在某一横截面上，浮射流的总动量为：

$$m = \int_0^\infty \rho u^2 \,\mathrm{d}x \tag{4-5}$$

取比动量通量

$$M = \frac{m}{\rho} = \int_0^\infty u^2 \,\mathrm{d}x \tag{4-6}$$

比浮力通量 B 一般指重量亏损的产生率，根据质量守恒原理，可得密度差 $\rho - \rho_n$ 的通量守恒关系：

$$\int_0^\infty u\frac{\rho - \rho_n}{\rho_n}g\mathrm{d}x = Constant \tag{4-7}$$

取比浮力通量

$$B = \int_0^\infty u\frac{\rho - \rho_n}{\rho_n}g\,\mathrm{d}x \tag{4-8}$$

下面用量纲分析的方法确定最大速度、最大温度的衰减率。

首先考虑恒定羽流的情形，忽略羽流的初始流量和初始动量，并认为羽流的时均特性是比浮力通量 B、轴向距离 y^*、运动黏度 γ 及扩散系数 k 的函数，则有[98]：

$$u_m = f(B, y^*, \nu, k) \tag{4-9}$$

其中 B 的量纲为 $L^3 S^{-3}$，经量纲分析可得：

$$u_m = B^{\frac{1}{3}} f\left(\frac{B^{\frac{1}{3}} y^*}{\nu}, \frac{v}{k}\right) \tag{4-10}$$

式中　$\dfrac{B^{\frac{1}{3}} y^*}{\nu}$——当地雷诺数；

$\dfrac{\nu}{k}$——普朗特数。

对于充分发展的湍流羽流，可假定流动关于当地雷诺数自相似（该假设经 Pera、Gebhart、Mollendorf[99,100] 等人的验证是合理有效的），同时假定流体的分子特性不重要，则 $f\left(\dfrac{B^{\frac{1}{3}} y^*}{\nu}, \dfrac{\nu}{k}\right)$ 趋于一非零极限常数 K_p，于是有：

$$u_m = K_p B^{\frac{1}{3}} \tag{4-11}$$

下面考虑浮射流的情况，首先定义一特征长度比尺 $l_M = \dfrac{M_0}{B_0^{\frac{2}{3}}}$，式中 M_0 是初始比动量通量、B_0 是初始比浮力通量，该比尺可以判断动量和浮力的相对大小。可以认为浮射流的时均特性是初始比动量通量 M_0、初始比浮力通量 B_0、轴向距离 y^* 的函数，则有：

$$u_m = f(M_0, B_0, y^*) \tag{4-12}$$

其中 M_0 的量纲为 $L^3 S^{-2}$，B_0 的量纲为 $L^3 S^{-3}$，经量纲分析可得：

$$u_m = \left(\frac{M_0}{y^*}\right)^{\frac{1}{2}} f\left(\frac{y^* B_0^{\frac{2}{3}}}{M_0}\right) \tag{4-13}$$

当 $\dfrac{x B_0^{\frac{2}{3}}}{M_0} \rightarrow \infty$ 时，浮力起支配作用，浮射流成为羽流，由前面的分析可知 $u_m \sim y^{*0}$，因此 $f\left(\dfrac{y^* B_0^{\frac{2}{3}}}{M_0}\right) \rightarrow \left(\dfrac{y^* B_0^{\frac{2}{3}}}{M_0}\right)^{\frac{1}{2}}$。

如果 $\dfrac{xB_0^{\frac{2}{3}}}{M_0} \to 0$，则浮力产生的影响可以忽略不计，浮射流

成为动量射流，由上一章分析可知 $u_\mathrm{m} \sim y^{*-\frac{4}{3}}$，因此 f

$\left(\dfrac{y^* B_0^{\frac{2}{3}}}{M_0}\right) \to \left(\dfrac{y^* B_0^{\frac{2}{3}}}{M_0}\right)^{-\frac{5}{6}}$。

由以上分析可知非等温贴附射流轴线速度 u_m 关于轴向距离 y^* 的幂次律应在 $-\dfrac{4}{3} \sim 0$ 之间，具体形式应取决于 $y^* \cdot B_0^{\frac{2}{3}}$ 和 M_0 的相对大小。由于实际工况中往往 $B_0 \ll M_0$，故该值应更接近于 $-\dfrac{4}{3}$，试验所得的经验曲线也能说明这一点，详见试验曲线图 4-1（a）。

当式（4-13）用于非等温贴附射流时，需通过试验来确定轴线速度 u_m 关于轴向距离 y^* 的幂次律及具体的函数关系。

在工程实践中，鉴于普通办公或住宅建筑等实际室内散热负荷分布形式较为多变，加之送风气流作用，所以在试验中散热负荷可以近似按热流密度均布于室内地板来考虑。考察送风温度 t_0 和散热负荷 q（热流密度）对贴附通风效果的影响。以常用办公建筑为例，考察 4 种送风温度 t_0 和 3 种热流密度 q 组合下的 12 种冷射流工况，如表 4-1 所示。

送风温度 t_0 及热流密度 q 下的试验工况（$h=2.5\mathrm{m}$、$u_0=3.0\mathrm{m/s}$）

表 4-1

送风温度 t_0（℃）	10			15			20			25		
热流密度 q（W/m²）	25	50	100	25	50	100	25	50	100	25	50	100

对竖向贴附区，射流轴线速度和过余温度衰减规律如图 4-1 所示。如图 4-1（a）所示，改变热流密度及送风温度时，各种

工况轴线速度分布存在相似性。当 $0 \leqslant y^*/b \leqslant 7.5$ 时，射流处于贴附起始段，轴线速度保持不变；而后射流进入湍流充分发展的主体段，随着送风射程的增加，轴线速度呈指数衰减（较小距离内可看成线性衰减），在脱离点 $y^*/b = 47.5$ 之后（处于射流末端），由于射流受地面撞击作用，轴线速度急剧衰减。实质上，当送风气流接近地面时，被减速的流体动量较小，沿壁面贴附流动受到限制，黏性流体边界层内的低动量流体微团不足以抵抗因与地面碰撞而引起的压力升高，气流与壁面脱离，脱离点是逆流发生的起始点，也即为壁面上沿垂直方向的速度梯度为零的点 [见图 4-1 (a)]。

下面讨论轴心速度 u_m 与轴心温度 t_m 分布的一致性问题，为此列出动量方程与热焓差方程：

$$\int_0^\infty \rho u^2 \mathrm{d}x = \rho_0 u_0{}^2 b \tag{4-14}$$

$$\int_0^\infty \rho u c_p (t - t_a) \mathrm{d}x = \rho_0 u_0 c_p (t_0 - t_n) b \tag{4-15}$$

式中　t_n——周围空气的温度；

　　　c_p——定压比热容。

式 (4-14) 和式 (4-15) 联立可得以下近似关系：

$$\frac{u_m}{u_0} \sim \frac{t_m - t_n}{t_0 - t_n} \tag{4-16}$$

也有研究表明[101]，非等温紊流射流存在下列经验关联式：

$$\frac{t_0 - t_n}{t_m - t_n} \approx \left(\frac{u}{u_m}\right)^{Pr} \tag{4-17}$$

对于任一指定的纵向位置 y，温度分布比速度分布更宽一些。这是因为对空气而言，幂指数 $Pr \approx 0.7$，而 $\dfrac{u}{u_m}$ 总是小于 1。

有鉴于此，作为简化计算，可近似地认为轴线速度衰减与轴线过余温度衰减有近乎同一的形式，试验数据也支持了这一论点（见图 4-1）。

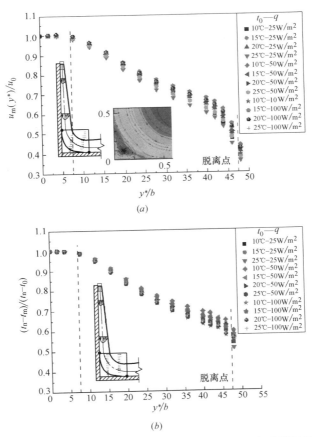

图 4-1 竖直壁面送风温度 t_0 和热流密度 q 对竖向贴附区轴线
速度和温度影响（$h=2.5\text{m}$, $u_0=3.0\text{m/s}$）

（a）无因次轴线速度；（b）轴线过余温度

对于水平贴附区（空气湖区），轴线速度和过余温度变化趋势呈现一致，但轴线温差比速度图略平坦，如图 4-2 所示。试验发现，射流在地面碰撞区存在"弹性效应"，水平区轴线速度变化呈现先跃升（$x/b \leqslant 10$，碰撞区内），后衰减的现象；射流轴线温度与速度变化不同，自始至终受周围环境流体的掺混影响不

85

断降低，几乎呈线性递减变化，且在水平空气湖区末端（$x/b \geqslant$ 90～100），射流受到墙体影响，气流掺混加强，形成回流区，轴线速度与温度急剧降低至周围环境值。夏季送冷风（冷射流）工况时，对于温度轴线，水平气流运动过程中不断受到地面加热作用而温度升高，$t_m \geqslant t_n$，在后半程出现了过余温度为负值现象。

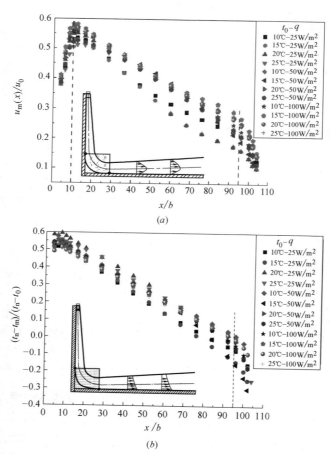

图 4-2　t_0 及 q 对贴附通风空气湖区轴线速度和温度的影响

（a）轴线速度分布；（b）轴线过余温度分布

4.2 送风温度和散热负荷对矩形柱、圆柱贴附通风的影响

如图 4-3 所示，各种工况下的竖向贴附区轴线速度和过余温度衰减规律各自很好地呈自相似性。矩形柱贴附通风通常采用回形条缝风口，其出流特性与条缝形送风口（边长比大于 10，可视为二维平面射流流动）有所不同，射流速度在初始段即开始衰减；此外，矩形柱棱角存在叠加气流流动效应，速度及温度衰减更快。

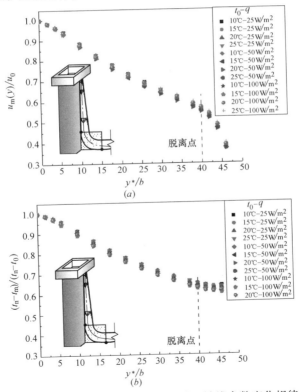

图 4-3　矩形柱面 t_0 及 q 竖向贴附区轴线参数变化规律

（a）轴线速度；（b）轴线过余温度

水平空气湖区轴线速度和过余温度衰减特性如图 4-4 所示，除了碰撞区（$x/b \leqslant 10$）和末端受墙体影响外，主体段中无因次轴线速度及温度分布是自相似的。然而，鉴于矩形柱棱角效应，两相邻柱面贴附送风射流于工作区中存在交汇与叠加，消耗了射流动量，在相同的送风初速度下，对应位置处矩形柱面的轴线速度低于竖壁贴附通风模式。

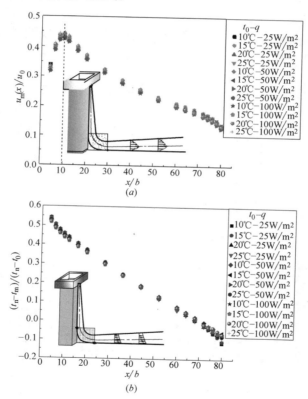

图 4-4　t_0 和 q 对矩形柱空气湖区的影响

（a）无因次轴线速度；（b）轴线过余温度

注：过余温度出现负值的原因在于地板热源致使轴线温度 t_m 高于室内

平均温度 t_n 所致，$\dfrac{t_n - t_m}{t_n - t_0} < 0$。

对于圆柱面通风，由于圆柱半径 $r \gg$ 边界层厚度 δ，可以忽略圆柱曲率的影响，试验研究表明，圆柱贴附通风的竖向贴附区流动规律与矩形柱一致，如图 4-3 所示。

在水平贴附区形成以圆柱体为中心的辐射扩散流场，其动量、能量衰减速率较竖壁和矩形柱更快。如图 4-5 所示，圆柱通风水平空气湖区时均性轴线速度分布同矩形柱"先增后减"的规律一致，过余温度亦呈指数衰减。

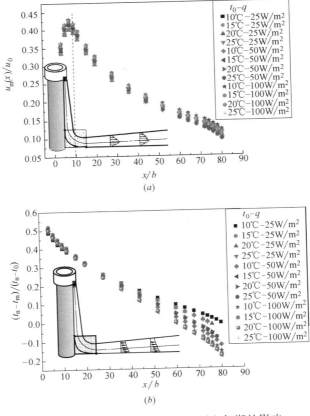

图 4-5 圆柱贴附 t_0 和 q 对水平空气湖的影响

(a) 无因次轴线速度；(b) 轴线过余温度

4.3 非等温贴附射流通风特征参数分析

竖壁通风（包括竖壁、矩形或圆柱等）的热射流流动既具有共性也有差异。它们均由起始段（区域Ⅰ）、竖壁贴附区（区域Ⅱ）、撞击区（亦称碰撞区，区域Ⅲ）及水平空气湖区（区域Ⅳ）构成。兹将几种非等温贴附射流通风特征参数比较如下。如第4.1节所述，对于非等温贴附通风，不同送风温度对应的轴线速度及温度分布存在相似性。下面主要考虑改变送风高度 h 及速度 u_0 等参数，比较非等温竖壁、矩形柱体及圆柱体三类贴附通风的射流流场特性。

4.3.1 竖向贴附区

改变送风高度时（$h = 2.5\mathrm{m}$、$6.0\mathrm{m}$ 及 $8.0\mathrm{m}$），在射流主体段，各送风方式竖向区轴线速度和温度衰减规律一致，如图 4-6～及图 4-8 所示。$y_{\max}^*$ 定义为控制贴附长度，控制贴附长度与送风高度 h 的关系可由式（4-18）表示：

$$y_{\max}^* = 0.92h - 0.43 \tag{4-18}$$

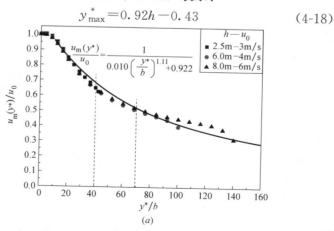

图 4-6 竖壁贴附通风竖向贴附区参数（一）

（a）轴线速度

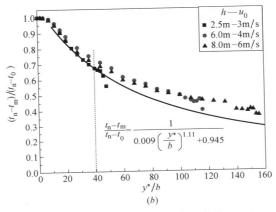

图 4-6 竖壁贴附通风竖向贴附区参数（二）

(b) 轴线过余温度

考虑到设施农业、畜牧业等应用场合，贴附通风工程设计实际情况，h 最小可取 0.5m，此时就类似于普通的置换通风情景了。考虑到建筑空间尺寸、噪声限制及经济性，竖壁通风气流组织设计一般位于 $0 < y^*/b \leqslant 70$ 范围，式（4-18）在该范围内具有较好的精度，误差一般不超过 5%。注意，y^* 为纵坐标，表

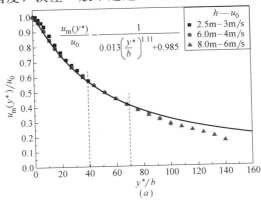

图 4-7 矩形柱面贴附通风竖向贴附区参数（一）

(a) 轴线速度

91

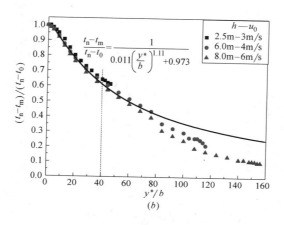

图 4-7　矩形柱面贴附通风竖向贴附区参数（二）

（b）轴线过余温度

示沿竖壁某点至射流入口的距离，$y^* = h - y$，见图 3-7（a）。送风高度增加时（由 2.5m 至 8.0m），脱离点有所升高，一般处于 0.5～1.0m 范围。

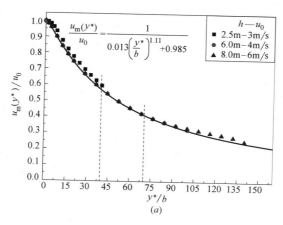

图 4-8　圆柱贴附通风竖向贴附区参数（一）

（a）轴线速度

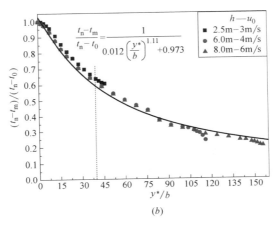

图 4-8　圆柱贴附通风竖向贴附区参数（二）

（b）轴线过余温度

　　竖壁、矩形柱及圆柱竖向贴附区轴线速度及过余温度衰减曲线方程式如表 4-2 所示。

竖向贴附区主体段轴线速度及过余温度比较　　表 4-2

	无因次轴线速度 $\dfrac{u_m}{u_0}$	轴线过余温度 $\dfrac{t_n-t_m}{t_n-t_0}$
竖壁贴附通风	$\dfrac{u_m(y^*)}{u_0}=\dfrac{1}{0.010\left(\dfrac{y^*}{b}\right)^{1.11}+0.922}$	$\dfrac{t_n-t_m}{t_n-t_0}=\dfrac{1}{0.009\left(\dfrac{y^*}{b}\right)^{1.11}+0.945}$
矩形柱（圆柱）贴附通风	$\dfrac{u_m(y^*)}{u_0}=\dfrac{1}{0.013\left(\dfrac{y^*}{b}\right)^{1.11}+0.985}$	$\dfrac{t_n-t_m}{t_n-t_0}=\dfrac{1}{0.011\left(\dfrac{y^*}{b}\right)^{1.11}+0.973}$

　　注：1. 当 $0\leqslant y^*/b\leqslant 70$ 时，竖向贴附区参数关联式具有较好的精度，满足通风设计需求。在工程实践中，基于建筑空间尺寸、噪声限制及经济性考量，竖壁通风气流组织设计一般位于 $y^*/b\leqslant 70$ 范围。

　　2. 对竖壁贴附通风，当 $0\leqslant y^*/b<10$ 时，$\dfrac{u_m(y^*)}{u_0}=1$，即轴线速度等于射流入口速度。

　　对于通风空调工程中的沿竖壁非等温射流，竖向贴附区的气流运动受到惯性力和浮升力的共同影响，且惯性力占主导，三种贴附通风方式在竖向贴附区轴线速度及过余温度分布呈基本一致的衰减规律，如图 4-9 所示。

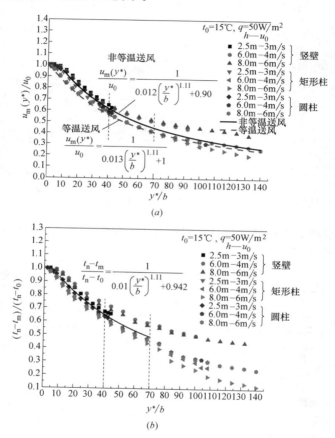

(a)

(b)

图 4-9　三种通风方式竖向贴附区轴线速度及过余温度分布的统一关联式

(a) 轴线速度；(b) 轴线过余温度

作为工程设计计算，兼顾分析简便与精度两方面，竖壁、矩形柱及圆柱在竖向贴附区轴线速度和温度衰减规律可由式（4-19）、式（4-20）统一表示。在 $y^*/b \leqslant 40$ 时，该关联式对竖壁、矩形柱及圆柱均具有较高的精度，其误差不超过 $5\%\sim8\%$（竖向 5%，水平向 8%）。但是，远离送风口处，矩形柱及圆柱的棱角效应及边际效应逐渐显现（见图 4-9 中 $y^*/b>40$ 区域）。

$$\frac{u_m(y^*)}{u_0}=\frac{1}{0.012\left(\dfrac{y^*}{b}\right)^{1.11}+0.90} \tag{4-19}$$

$$\frac{t_n-t_m}{t_n-t_0}=\frac{1}{0.01\left(\dfrac{y^*}{b}\right)^{1.11}+0.942} \tag{4-20}$$

因此，三者之间的主要区别在于矩形柱棱角效应及圆柱的边际效应会对流场产生一定影响。然而，随着矩形柱边长比或圆柱曲率半径增大，从流动特性而言，两者趋向于竖壁贴附通风流动。推荐的贴附通风条缝出风口宽度如图 4-10 所示[102]。以直径 500mm 的圆柱为例，条缝形风口 f/F 的上下限分别为 0.05 和 0.7。建议出风口宽度取 $30\sim150$mm。

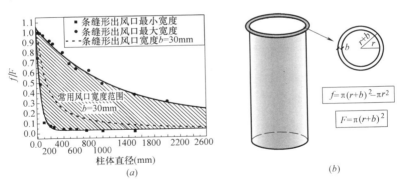

图 4-10　贴附通风条缝形出风口宽度范围
（a）条缝形出风口推荐宽度；（b）圆柱几何参数

4.3.2　水平空气湖区

贴附通风水平空气湖区直接关系控制区（工作区）的空气参

数分布特性。图 4-11 给出了竖壁、矩形柱及圆柱三种贴附通风方式的空气湖区轴线速度分布。

较高的送风高度意味着需要提高送风速度。随着送风高度及速度的增加，送风射流撞击地面卷吸周围环境空气量增加，撞击区范围扩大，使得空气湖区出现最大速度的位置后移，即峰值逐渐向外移动，但末端轴线风速仍逐渐趋向一致。

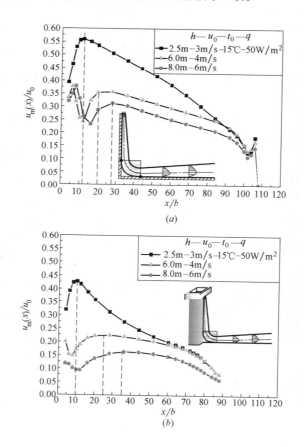

图 4-11　三种通风方式水平空气湖区轴线速度比较（一）

（a）竖壁；（b）矩形柱

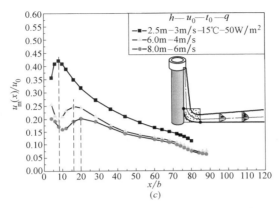

图 4-11　三种通风方式水平空气湖区轴线速度比较（二）

（c）圆柱

图 4-11 中，碰撞区涉及竖向轴线速度的"终点"和水平区轴线速度的"起点"。

无量纲速度$\dfrac{u_{m,1.0}}{u_0}$和$\dfrac{u_m(y^*_{max})}{u_0}$之间存在式（4-21）所示的关系，通过式（4-20）可计算空气湖内距竖壁 1.0 m 处（控制区边界≥1.0 m）气流轴线速度（物理意义上相当于置换通风的出风速度）：

$$\frac{u_m(y^*_{max})}{u_0}=k_v\frac{u_{m,1.0}}{u_0}+C_v \qquad (4-21)$$

式中　$u_{m,1.0}$——控制边界风速，水平空气湖内垂直于壁面法线距离 1.0m 处气流轴线速度，m/s；

$u_m(y^*_{max})$——竖壁射流脱离点处轴线速度，m/s；

k_v、C_v——经验系数，对于不同的贴附壁面类型，k_v 和 C_v 取值不同。

对于竖壁贴附，$k_v=1.808$，$C_v=-0.106$；对于柱面贴附（圆柱和矩形柱），$k_v=1.374$，$C_v=-0.060$。

应注意，所给出的参数关联式适用于贴附通风竖直壁面及水平贴附区（空气湖区）的主体段，并不适用于射流起始段、射流末端回流区及撞击区。

竖壁、柱面贴附通风空气湖区轴线过余温度分布如图 4-12 所示。一般而言，贴附通风空气湖区轴线过余温度呈现线性下降。对于消除房间余热负荷的冷射流而言，也可以阿基米德数 Ar 作为判据，描述冷热射流，$Ar = \dfrac{gb(T_0 - T_n)}{u_0^2 T_n}$，$Ar > 0$ 时为热射流，$Ar < 0$ 时为冷射流，$Ar = 0$ 为等温射流。当 $|Ar| \leqslant 0.001$ 时，可按等温射流考虑。此外，过余温度会出现负值，其原因在于地面热源致使送风气流轴线温度升高，当水平区内气流轴线温度 t_m 高于室内平均温度 t_n 时，则过余温度 $\dfrac{t_n - t_m}{t_n - t_0} < 0$。

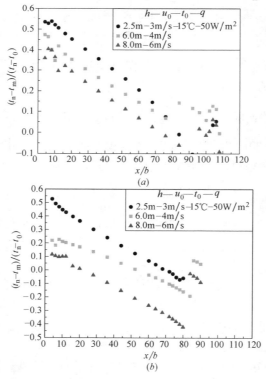

图 4-12　送风高度对空气湖区轴线温度影响

(a) 竖壁；(b) 柱面

等温与非等温贴附通风射流特征参数关联式归纳于表 4-3。

等温与非等温贴附通风射流流特征参数关联式

表 4-3

特性参数		竖壁	矩形柱	圆柱	贴附通风射流通用关联式
等温	竖向贴附区轴线速度	$\dfrac{u_m(y^*)}{u_0}=\dfrac{1}{0.01\left(\dfrac{y^*}{b}\right)^{1.11}+1}$	$\dfrac{u_m(y^*)}{u_0}=\dfrac{0.83}{0.01\left(\dfrac{y^*}{b}\right)^{1.11}+1}$		$\dfrac{u_m(y^*)}{u_0}=\dfrac{1}{0.013\left(\dfrac{y^*}{b}\right)^{1.11}+1}$
	水平空气湖区轴线速度	$\dfrac{u_m(x)}{u_0}=\dfrac{0.575}{0.0075\left(\dfrac{x}{b}+K_h\right)^{1.11}+1}$	$\dfrac{u_m(x)}{u_0}=\dfrac{0.575}{0.018\left(\dfrac{x}{b}+K_h\right)^{1.11}+1}$	$\dfrac{u_m(x)}{u_0}=\dfrac{0.575}{0.035\left(\dfrac{x}{b}+K_h\right)^{1.11}+1}$	$\dfrac{u_m(x)}{u_0}=\dfrac{0.575}{C\left(\dfrac{x}{b}+K_h\right)^{1.11}+1}$ C 为形状因子：竖壁 $C=0.0075$，矩形柱 $C=0.018$，圆柱 $C=0.035$ K_h 为高度修正因子，对于竖壁和矩形柱 $K_h=\dfrac{1}{2}\dfrac{h-2.5}{b}$，对于圆柱 $K_h=\dfrac{1}{6}\dfrac{h-2.5}{b}$
非等温	竖向贴附区轴线速度	$\dfrac{u_m(y^*)}{u_0}=\dfrac{1}{0.01\left(\dfrac{y^*}{b}\right)^{1.11}+0.922}$	$\dfrac{u_m(y^*)}{u_0}=\dfrac{1}{0.013\left(\dfrac{y^*}{b}\right)^{1.11}+0.985}$	$\dfrac{u_m(y^*)}{u_0}=\dfrac{1}{0.013\left(\dfrac{y^*}{b}\right)^{1.11}+0.985}$	$\dfrac{u_m(y^*)}{u_0}=\dfrac{1}{0.012\left(\dfrac{y^*}{b}\right)^{1.11}+0.90}$
	竖向贴附区轴线过余温度	$\dfrac{t_n-t_m}{t_n-t_0}=\dfrac{1}{0.009\left(\dfrac{y^*}{b}\right)^{1.11}+0.945}$	$\dfrac{t_n-t_m}{t_n-t_0}=\dfrac{1}{0.011\left(\dfrac{y^*}{b}\right)^{1.11}+0.973}$	$\dfrac{t_n-t_m}{t_n-t_0}=\dfrac{1}{0.011\left(\dfrac{y^*}{b}\right)^{1.11}+0.973}$	$\dfrac{t_n-t_m}{t_n-t_0}=\dfrac{1}{0.01\left(\dfrac{y^*}{b}\right)^{1.11}+0.942}$

概括而言，基于前述章节的分析，对于贴附通风的规律性研究表明，射流主体段轴心速度及过余温度变化均存在相似性，其参数变化与 $\dfrac{\gamma}{b}$ 有关。对于竖向贴附区 $\gamma = y^*$，水平空气湖区 $\gamma = x$，y^* 为射流出口沿竖壁流动方向至某点的竖向距离，x 为空气湖区某点至竖向贴附壁面的水平距离，b 为送风口特征尺寸。

贴附射流主体段轴心速度的表达式可统一表示为：

$$\frac{u_{\mathrm{m}}(\gamma)}{u_0} = \frac{1}{a_i\left(\dfrac{\gamma}{b} + b_i\right)^{\mathrm{m}} + c_i} \tag{4-22}$$

贴附射流竖向贴附区主体段轴心过余温度的表达式可统一表示为：

$$\frac{t_{\mathrm{n}} - t_{\mathrm{m}}}{t_{\mathrm{n}} - t_0} = \frac{1}{a_j\left(\dfrac{\gamma}{b} + b_j\right)^{\mathrm{n}} + c_j} \tag{4-23}$$

式中的系数 a_i、b_i、c_i，a_j、b_j、c_j 及指数 m、n 与风口构造形式（紊流系数）、风口与竖壁面的相对位置等有关。

4.4 风口形式及调控区域

影响室内某点的空气流速和温度的要素，不但包括送风口风速（当选择风速大小时，应考虑工作或生产对环境参数的需求，还应考虑产生的噪声），和送风温差（与冷/热负荷及送风量有关，《民用建筑供暖通风与空气调节设计规范》GB 50736—2012规定了冬、夏季送风温差的建议值）。另外，还受以下因素影响：

（1）风口形式，如送风口几何形状和位置；

（2）排风口的位置；

（3）房间的几何形状及内部工作区；

（4）各种热源的位置，分布和散热等；包括房间表面温度；

（5）室内扰动（如人的活动，开窗通风等）。

本节对风口形式、调控区域、排风口位置等因素进行分析。

4.4.1 风口形式影响

柱壁贴附通风气流组织设计中，应考虑柱子结构的因素。本节以矩形柱及圆柱形贴附通风所采用条缝形风口为例，分析圆柱直径、矩形柱边长等变化对贴附通风效果的影响。

1. 圆柱直径

不同柱径下纵剖面速度分布如图 4-13 所示。送风速度及风口宽度保持不变时，随着柱径由小至大，即从 0.25m 增加至 1.50m，射流沿竖壁及水平空气湖区的速度衰减变慢。柱径的增加意味着风口面积及送风量相应扩大，空气湖区厚度增大，射流水平射程加长。较大空间需要较粗的柱子方能实现贴附通风气流组织设计要求。

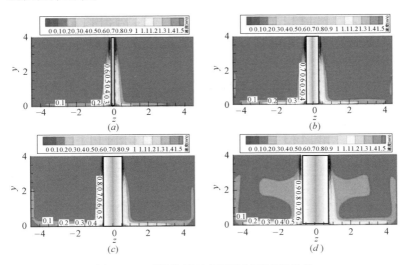

图 4-13 不同柱径下房间纵剖面速度分布
(a) $d = 0.25$m；(b) $d = 0.75$m；(c) $d = 1.00$m；(d) $d = 1.50$m

2. 矩形柱边长

以方柱为例，当柱边长 a 由 0.6m 逐渐增大到 1.0m 时，送风速度为 1.5m/s，空气湖内对应位置速度增加约 0.1m/s（见图 4-14 和图 4-15）。柱子边长越小，交汇区对空气湖的影响会越大。其他条件不变时，柱子边长增加意味着送风量增加，降低了工作区（空气湖区）温度。

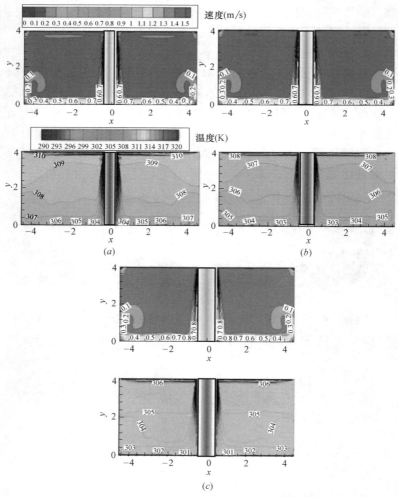

图 4-14　方柱边长对纵剖面速度场及温度场的影响

(a) $d=600$mm；(b) $d=800$mm；(c) $d=1000$mm

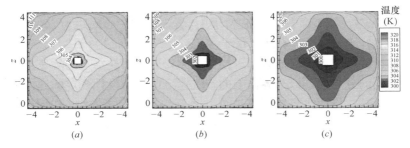

图 4-15 方柱边长对脚踝处温度场的影响

（a）$d=600$mm；（b）$d=800$mm；（c）$d=1000$mm

3. 出风静压箱

对基于顶部射流的贴附通风而言，垂直向下、出风均匀的射流有助于实现沿竖壁贴附有效地到达工作区。静压箱作为一种将动压转化为静压的装置，它能够稳定气流，减小气流的湍动性，降低气流噪声，从而使出风口的风压基本保持一致，以保证风口出风的均匀性。出风均匀性越高，出风口断面上紊流强度越小，则射流与周围空气的混合能力越弱，送风气流送入控制区（工作区）的比率就越大。因此，静压箱的设置减少了送风气流与工作区以外区域空气的混合，使冷量或热量最大限度地送入工作区，提高通风温度效率[103,104]。

4.4.2 控制区（工作区）

贴附射流属于一种受限射流，室内环境的营造依赖于如何设计贴附射流来形成合适的区域速度及温度场，而区域环境营造与工作区（控制区）范围有关。对于人体舒适性工作区，一般为离地面 2.0 m 以内区域；对于工业车间或设施农业环境等，工作区（控制区）则为服务对象所需的保障区域。

关于气流有效扩散半径及流型包络面定义如下：

（1）柱壁贴附送风有效扩散半径：射出气流从出口最大速度衰减至 0.25m/s（控制风速）时气流运动的水平距离。对于机场、车站、地铁等暂时停留性交通场所，控制风速可取 $0.5 \sim$ 0.8m/s。如果存在多个柱体均匀布置，若柱中心间距为 l，柱当量直径为 d，则其有效扩散半径为 $(l-d)/2$。

（2）流型包络面：用以描述送风射流流型轮廓上的等速点所构成的分界面，该分界面上的空气速度即为所设计规定的允许速度值，包络面边界速度可取 $0.25 \sim 0.5 \text{m/s}$[105]。图 4-16 所示为边界速度为 0.5m/s 的三种贴附通风流型包络面。

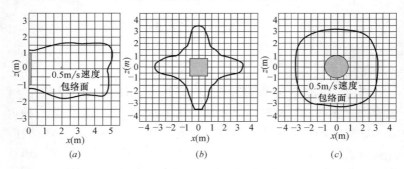

图 4-16　几种贴附通风的流型包络面
（a）竖壁；（b）方形柱；（c）圆柱

1. 工作区尺寸变化对流场影响

工作区范围定义为距风口所在墙面（柱面）及外墙 1.0m，内墙 0.5m（REHVA），地面以上 $0.1 \sim 2.0 \text{m}$ 范围内的区域。

对于贴附通风而言，条缝形送风口长度方向宜保证出风均匀，送风具有二维平面射流特性。射流出口高度不变时，以工作区长度分别为 5.4m（长高比 $L/h=2.1$）、2.5m（$L/h=1.0$）为例，风口位置 $S/b=1.5$，给出了工作区速度场分布（见图 4-17）。

图 4-17 表明，其他条件不变，工作区长度 L 由 5.4m 改变为 2.6m 时，随着受控区域的减小，流场"加厚"，沿壁面法向速度梯度降低。当 $L/h=1.0$ 时，上置排风口对空气的诱导作用显著，造成气流短路现象。送风速度增加时，水平空气湖区末端

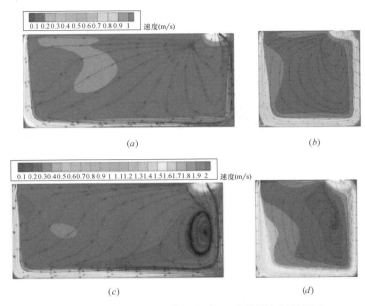

图 4-17 房间长度（工作区长度）对通风流场的影响

(a) $u_0 = 1.0\mathrm{m/s}$, $L/h = 2.1$；(b) $u_0 = 1.0\mathrm{m/s}$, $L/h = 1.0$；

(c) $u_0 = 2.0\mathrm{m/s}$, $L/h = 2.1$；(d) $u_0 = 2.0\mathrm{m/s}$, $L/h = 1.0$

的汇流旋涡加大。对比送风速度 1.0m/s 和 2.0m/s，后者在空气湖末端形成的漩涡尺度明显变大。推荐送风口位置高度与控制区（工作区）长度之比 h/L 不宜超过 1∶1.5。

2. 柱间距

柱壁贴附通风所研究的是空气沿柱壁的流动，水平面上的气流扩散半径与通风空调区域大小有关。以方柱送风速度 $u_0 = 1.50\mathrm{m/s}$、送风温度 $t_0 = 15℃$、地板散热负荷 $q = 100\mathrm{W/m^2}$ 工况为例，人体脚踝平面（$y = 0.1\mathrm{m}$）的速度、温度分布如图 4-18 和图 4-19 所示。

当送风速度不变，控制区（工作区）平面尺寸或柱子中心距由 6m 变化至 12m 时，柱中央断面及脚踝平面速度场及温度场如图 4-18 和图 4-19 所示。尽管工作区大小不同，但均存在明显的竖向温度分层现象，工作区（地板以上 2.0m 以内）温度梯度基本保持在约 2℃。

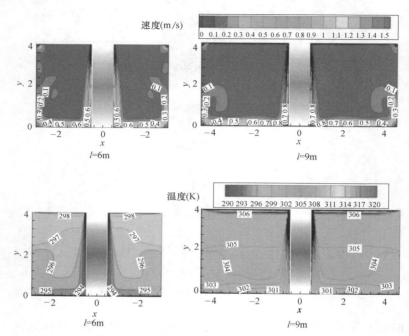

图 4-18　柱子中央纵剖面的速度及温度场

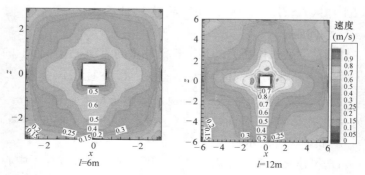

图 4-19　方柱贴附送风时脚踝高度（$y=0.1$m）平面的速度及温度场（一）

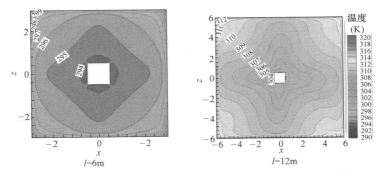

图 4-19　方柱贴附送风时脚踝高度（$y=0.1$m）平面的速度及温度场（二）

值得注意的是，实际工程中的建筑空间往往存在多个柱体，相邻柱体产生的空气湖流场可能发生交汇[106]。图 4-20 给出了多个圆柱送风时水平空气湖汇合的气流组织可视化及速度场分布。比较不同柱体布局，四柱和两柱贴附送风能够分别在水平面内相邻两柱的中间位置形成"十"字形和"一"字形对称面。这

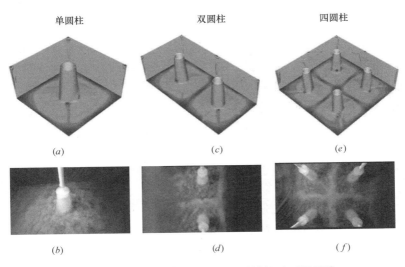

图 4-20　多柱通风气流流动 CFD 模拟及可视示踪
（a）（c）（e）（f）CFD 模拟；（b）（d）（f）可视示踪

些对称面相当于"隐形隔断",将四柱、双柱贴附通风的流场形态"降维"成受限的单柱贴附送风。多柱贴附通风气流组织设计仍可通过单柱贴附通风设计方法来计算,但水平空气湖区的送风有效射程对应减少。

4.4.3 排风口(吸气口)的气流流动

建筑空间的气流分布主要是由送风口的出流射流作用确定的,这是由于排风口(吸气口)的气流速度衰减较快、作用范围有限所致。对于球形吸风口,径向流速与距排风口距离的平方近似成反比。对于当量为无限长的线性汇流风口,或无限长直线汇流(如位于墙壁内的狭长形条缝口),则速度与宽度成反比。

实际排(回)风口的速度衰减在风口边长比往往大于 0.2,且 $0.2 \leqslant \dfrac{x}{d}$(或 $\dfrac{x}{1.13\sqrt{F_0}} \leqslant 1.5$)范围内,可用下式估算:

$$\frac{u}{u_0} = \frac{1}{9.55\left(\dfrac{x}{d}\right)^2 + 0.75} \tag{4-24}$$

在距排风口约 1 倍直径的位置处,气流速度衰减至排风口中心流速的约 5%。在考虑送风口射流特性的同时,也应关注排风口的合理位置,以提高送风作用的有效性,实现预定的气流组织模式。对设于房间侧墙上部的贴附通风送风口,其排风口可设于对侧上部或房间顶部中央位置。

4.5 热源对室内气流流动的影响

排除室内各种热源产生的余热是通风空调系统的任务。工程实测、模型试验及数值模拟试验结果的归纳分析表明,在送排风方式确定的前提下,室内空气温度分布主要取决于热源分布形式及散热条件。热源散热是以对流热的形式直接影响室温分布的,而辐射热的作用相当于一个位移了,并最终还是以对流形式换热的次生热源。如果对室内若干种典型热源对室温分布特征的影响——加以研究，则由典型热源不同组合所构成的所有实际散热问题就都有可能解决了。统观不同的工业与民用建筑贴附通风空调系统，影响室温分布特征的热源条件可以归纳为以下几种模式：地板均布热源、集中面热源及体热源。本节主要介绍这三种典型热源模式对贴附气流运动的影响。

4.5.1　地板均布热源

有研究表明，对下送上回通风房间，均布的地板面热源（典型的例子是地板辐射供暖系统），室内温度分布近似为垂直线分布（除了近地板区域外），即全平面热源上方的气流扩散混合亦是完全均匀的。由此可以推论，若全平面热源由 $y=0$ 上移至 $y+\Delta y$ 位置，则室温垂直分布将存在于 $y+\Delta y$ 的上方。这即是高位平面热源的温度垂直分布效应。这个结论可以推论至具有一定厚度 dy 的平面热层（$dy \to 0$ 时退化为平面热源），则室内的平均温度分布可容易地确定出来。

以圆柱贴附通风为例，分析地面均布热源对贴附通风效果及热舒适性的影响[107]。图 4-21（a）所示为 6.0m×6.0m×4.0m（长×宽×高）的图书馆阅览室，其内均匀布置 8 个高 1.7m 的人体模型。工况设置详见表 4-4。图 4-21（b）、（c）给出了 2m 以内工作区的垂直温度梯度及脚踝位置 $y=0.1m$ 吹风感。

热源及圆柱贴附通风参数　　　　　　　　表 4-4

工况	柱径 d (m)	送风高度 h(m)	风口宽度 b(m)	房间尺寸 (m³)	送风速度 (m/s)	送风温度 (℃)	热流密度 (W/m²)	人体散热至 (W/人)
1							80	
2	1.0	4.0	0.05	6.0×6.0×4.0	2.0	17	100	161
3							150	

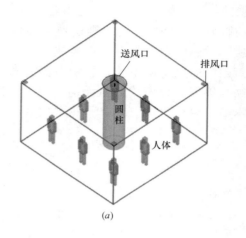

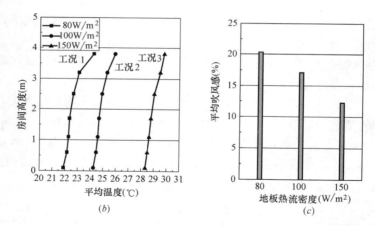

图 4-21 热源对室内热环境参数影响
(a) 阅览室人员分布；(b) 温度梯度；(c) 脚踝位置吹风感

当送风量（出风速度及风口条件不变）和送风温度不变时，随着热流密度的增大，工作区平均风速略有增加。主要是热羽流动量与机械送风动量相比仍属于小量，热流密度 q 从 $80W/m^2$ 增大到 $150W/m^2$ 时，工作区平均流速仅增加 $0.035m/s$。但是工作区 2m 以下范围的温度梯度几乎保持 0.45℃不变，工作区上方由于人体热浮力效应的上升汇集，温度梯度逐渐加大，这亦体现了平面均布热源的温度分布效应 [见图 4-21 (b)]。

热源强度的变化影响室内温度和风速，进而影响到人体热舒适。热流密度增加时，脚踝处 $y=0.1m$ 的吹风感降低，由 20.3% 降至 12.2% [见图 4-21 (c)]。

4.5.2 集中面热源

本节以 2D-PIV 激光测试方法研究面热源热羽流对贴附通风流场的影响[65]。试验小室为 600mm×300mm×340mm，面热源由均匀盘绕于云母板上的电热丝组成，尺寸为 160mm×160mm，如图 4-22 所示。试验中保持室内环境温度 $t_n=24℃$，条缝形送风口宽度 $b=10mm$，图 4-23 示出了极限贴附工况（$S=45mm$，$S/b=4.5$），$z=150mm$ 处速度矢量图，试验工况见表 4-5。

贴附通风 2D-PIV 试验工况（面热源）　　　　表 4-5

工况	热源强度 $Q(W)$	送风温度 $t_0(℃)$	送风温差 $\Delta t(℃)$	送风速度 $u_0(m/s)$	Ar
1		28.8	4.8	0.3	0.0177
2	1.0	27.6	3.6	1.0	0.0012
3		27.2	3.2	1.5	0.0005
4		33.3	9.3	0.3	0.0339
5	2.0	31.2	7.2	1.0	0.0024
6		30.6	6.6	1.5	0.0010
7		37.7	13.7	0.3	0.0493
8	3.0	35.1	11.1	1.0	0.0036
9		33.6	9.6	1.5	0.0014

反映面热源对贴附通风流场影响的剖面图示于图 4-23 中。

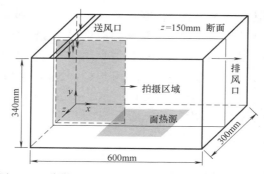

图 4-22　贴附通风 2D-PIV 试验模型（面热源）简图

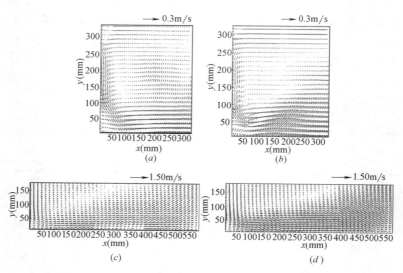

图 4-23　平面热源对竖壁贴附通风流场影响（射流剖面及
水平空气湖 2D-PIV 速度矢量图）

（a）纵剖面 $u_0=0.3\mathrm{m/s}$，$Q=1.0\mathrm{W}$；（b）纵剖面 $u_0=0.3\mathrm{m/s}$，$Q=3.0\mathrm{W}$；
（c）水平空气湖 $u_0=1.5\mathrm{m/s}$，$Q=1.0\mathrm{W}$；（d）水平空气湖 $u_0=1.5\mathrm{m/s}$，$Q=3.0\mathrm{W}$

图 4-23 清晰地表明，当送风速度不变时，随着面热源强度由
1.0W 增加至 3.0W，热源上方的空气流动量显著增加，热羽流对
水平空气湖气流的助推作用加强，导致空气湖运动水平方向速度

明显增大。机械送风速度（机械力）和竖直向的热羽流速度（热浮力）矢量叠加作用，以及排（回）风口的吸气诱导效应，呈现出随散热负荷增加而增大的倾斜向上的"大回旋"气流流型。

4.5.3　体热源

体热源大量地存在于工程实践中，如各类工业生产车间，乃至普通的家用电器、现代办公电子设备等，这些热源产生的热羽流会对贴附通风气流组织产生影响[67]。

1. 体热源强度对空气湖的影响

研究体热源对贴附通风影响时采用的试验小室尺寸同第4.5.2节，体热源尺寸为 $80mm \times 80mm \times 90mm$，如图 4-24 所示，布置于试验小室中央。体热源试验工况见表4-6。鉴于其对称性，给出了 2D-PIV 激光流速测试区域的一半（$x = 0 \sim 335mm$），如图 4-25 所示。

贴附通风 2D-PIV 试验工况（体热源）　　　　表 4-6

工况	体热源强度（W）	送风口位置 S/b	送风速度 u_0(m/s)
1	1		
2	5	4.5	0.3、1.0、1.5
3	10		

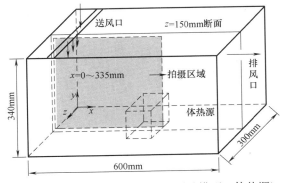

图 4-24　贴附通风 2D-PIV 试验工况测试模型（体热源）简图

113

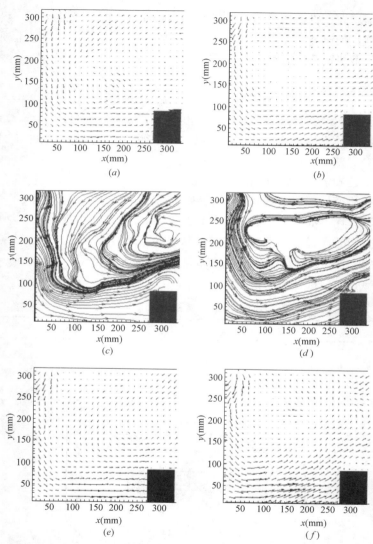

图 4-25　体热源对贴附通风流场影响的速度矢量及流线图

(a) $u_0=1.0$m/s，$Q=1.0$W 速度矢量；(b) $u_0=1.0$m/s，$Q=10$W 速度矢量；

(c) $u_0=1.0$m/s，$Q=1.0$W 流线图；(d) $u_0=1.0$m/s，$Q=10$W 流线图；

(e) $u_0=1.5$m/s，$Q=1.0$W 速度矢量；(f) $u_0=1.5$m/s，$Q=10$W 速度矢量

　　图 4-25 给出了体热源对贴附通风流场的影响。因 $S/b=4.5>$
0，贴附通风在左上角存在偏转运动贴附至竖壁［见图 4-25
(a)、(b)］，并沿竖壁贴附运动至脱离点［见图 4-25 (c)、(d)］，
因撞击效应转为水平空气湖区气流流动。对比速度矢量［见图
4-25 (a)、(b)］及［图 4-25 (e)、(f)］或流线图［见图 4-25
(c)、(d)］，热源上方存在持续的浮力源引起的热羽流运动，鉴
于此，热对流对空气湖水平方向气流流动存在明显的诱导效应。
当送风速度保持不变，图 4-25 (c)、(d) 清晰地表现出了热对
流对贴附通风流场的影响：在工作区域形成了明显的类似于侧部
置换通风的水平活塞流，且随着热源强度从 1.0 W 增加至 10 W，
热对流对水平活塞流向上运动诱导作用得到了进一步强化，在空间
中上部形成了"大回旋"涡旋流场结构［见图 4-25 (d)］。

　　值得注意的是，近热源区域气流运动受热对流效应影响较
大，体热源的正上方热羽流运动效应尤为显著，远热源区域受热
源羽流的影响相应减小。然而，热源强度对竖壁贴附区射流运动
的影响并不明显，这是因为热源自然对流（热羽流）上升流速一
般远小于机械送风速度（一般民用建筑和部分低散热强度的工业
建筑属于此类），下面将对该问题进行详细分析。

2. 热源强度对竖向贴附区的影响

　　机械通风射流产生了流体运动中的对流输运。在有温度梯度
的情况下，就会发生受迫对流换热，那么体热源产生的羽流，是
否影响竖向贴附区的空气流动？2D-PIV 测出的竖向贴附区轴线
速度随 y^*/b 而变化如图 4-26 所示。当 $u_0=1.5\text{m/s}$ 时，不同热
源强度下，竖壁区轴线速度分布是自相似的［见图 4-26 (b)］，
热羽流对竖壁区气流分布的影响可忽略，竖壁区送风流动主要受
惯性力支配。当送风速度较小时（$u_0=0.3\text{m/s}$），热羽流扩散对
轴线速度衰减具有一定影响：热强度大时，轴线速度衰减较慢，
但变化幅度很小。实际上，0.3m/s 的送风速度与热羽流速度处
于同一量级。这意味着对于通常送风速度（1～5m/s），热源对
竖壁区气流速度的影响可以忽略。试验结果清楚地表明，轴线速

度沿射流方向分布呈现强自相似性。应当强调指出，图 4-26 表明，只要所研究的射流流动距热源的距离足够大，贴附射流流动存在自模性的论断是合理的。

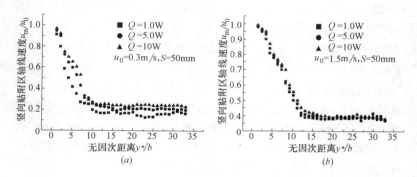

图 4-26　竖向贴附区射流轴线时均流速与体热源的关系

（a）$u_0=0.3\mathrm{m/s}$；（b）$u_0=1.5\mathrm{m/s}$

3. 离地热源

实际工程中经常遇到高置的热源，如日常办公电器、生活电器设备、建筑窗墙传热等，也即热源的底部距地距离为 y（$y>0$）的热源。随 y 的增加（热源位置升高），热源散热对地面附近流场的影响减弱，且热分层高度的位置也将随 y 的增大而提高[26,107,109]（见图 4-27、图 4-28）。

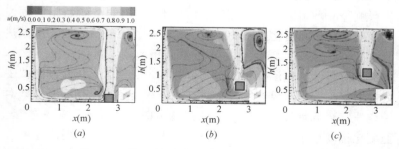

图 4-27　热源离地高度对贴附通风流场的影响

（a）$y=0.0\mathrm{m}$；（b）$y=0.5\mathrm{m}$；（c）$y=1.0\mathrm{m}$

图 4-27 给出了热源高度变化对室内速度场分布的影响。室内气流组织路径下：

射流入口（送风口）→竖壁贴附流动→地面撞击→水平地面空气湖→汇同热羽流上升运动→卷吸扩散至顶部（至回风或排风口排除）。

热源高度变化时对室内温度场分布的影响见图 4-28，随着离地热源位置高度的抬升，热羽流对下部工作区气流流动的诱导作用逐渐降低，但对上部区域空气的"诱导"作用逐渐增强，热气流更易推移到上部空间，热分层现象更加清晰，在一定高度范围内，"提升"了通风效率。这意味着，车间内高热负荷设备高置，有助于保障工作区内热环境及空气质量。

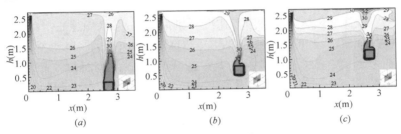

图 4-28 热源离地高度对贴附通风温度场的影响

(a) $y=0.0$m；(b) $y=0.5$m；(c) $y=1.0$m

4.6 人体运动对贴附通风流场的影响

气流流动影响人体的热舒适感，反之，人员活动也会对室内气流流场产生直接的影响。本节讨论对于竖壁贴附通风模式，人体运动对室内流场的影响[110]。

采用贴附通风气流组织，房间尺寸为 4.0m×4.0m×2.5m，条缝形送风口尺寸为 1.0m×0.05m，排风口尺寸为 0.2m×0.5m，如图 4-29 所示。运动人体简化为 1.7m×0.3m×0.2m（高×宽×厚）的长方体[111,112]，采用动网格技术，分析人体不同运动速度对室内流场的影响。

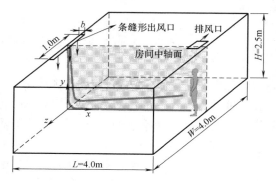

图4-29　人体运动对室内气流影响CFD计算分析简图

人体迎风运动时，步行速度分别取 0.9m/s（慢速）、1.2m/s（常速）以及 1.8m/s（快速）[113]。对应运动速度的人体散热量分别为 115W/m² 、150W/m² 以及 220W/m²[40]；地面热流密度为 30W/m²[26]。工况参数设置见表4-7。为方便叙述，坐标起始点位于地面中央断面（见图4-29）。

人体运动速度及相关参数　　　　　　　　　表 4-7

运动路径	运动速度 （m/s）	人体散热量 （W/m²）	送风速度 u_0 （m/s）	送风温度 t_0 （℃）
$x=3.5$m ↓ $x=0.9$m	0.9（慢速） 1.2（常速） 1.8（快速）	115 150 220	1.0（换气 次数 4.5h⁻¹）	17

人体不动时（$t=0$），室内流场如图 4-30（a）所示。竖壁贴附区射流速度衰减与人体几乎无关，水平空气湖区气流速度均在 0.2m/s。此时，人体相当于一个静态的热源，人体上方形成了热羽流，头顶上方热羽流速度达 0.3m/s。

行走至不同位置时，所引起的室内流场变化并不相同。行走速度为 1.2m/s，若出发点位于中央断面 $x=3.5$m 处，运动路径为 $x=3.5$m→$x=0.9$m，$x=2.6$m、1.7m、0.8m 位置的流场如图 4-30 所示。运动初始阶段，人体后方较远区域形成了较大的诱导尾流速度，达 2.6m/s，约为人体运动速度的 2 倍；人体近区（3～5cm）的气流速度约为 1.2m/s，与人体运动速度相同。当行走接近送风区域，尾流的影响范围进一步扩大，离竖壁

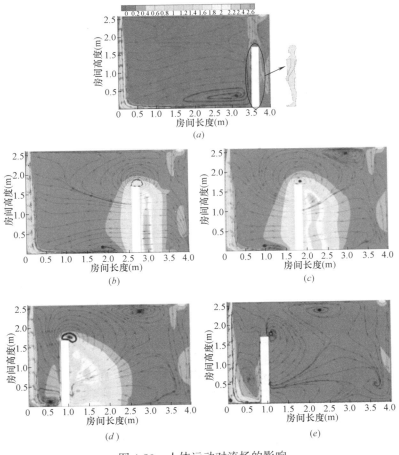

图 4-30　人体运动对流场的影响

(a) $x=3.5$m（起点），静止 0m/s；(b) $x=2.6$m；(c) $x=1.7$m；

(d) $x=0.8$m；(e) $x=0.8$m（停止 4.0s 后）

注：房间中央断面，迎风行走速度 1.2m/s。

$x=0.8$m 处，尾流区域扩大至 1.5m。人体运动对其前方的影响区域为 0.6m（人体正前方法向）。在高度方向上，人体运动引起风速变化范围仅限于工作区（距地板的高度 2.0m 以内），上方空间气流速度几乎不受影响。

对于贴附送风，人体行走时，头部产生边缘效应，上部存在球形漩涡。一旦人体停止运动，工作区的气流速度约在 1.0s 内迅速恢复至 0.2m/s（环境风速水平），这意味着人员活动对室内气流速度的影响持续时间较短（1.0～4.0s）。较大的换气次数下，室内通风流场会在更短时间内恢复如初。

比较运动速度在 0.9～1.8m/s 之间变化时，所引起的工作区流场差异不大。图 4-31 显示了不同运动速度引起的室内风速

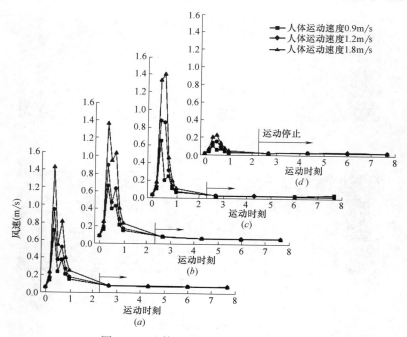

图 4-31　人体运动对贴附通风流场影响

(a) 0.5m 高度；(b) 1.0m 高度；(c) 1.5m 高度；(d) 2.0m 高度

注：参见图 4-29，中央纵断面 $z=0$m，高度 $y=0.5$m，1.0m，1.5m，2.0m。

变化情况。在人体高度范围之内，对应最大速度几乎相同。然而，超过工作区外（地板 2.0m 以上），风速仅约为 0.2m/s。这里可以得出几点结论：当人体运动速度不大时，其影响区域的高度就只限于工作区范围之内，且停止运动后很快恢复如初；对于通风流场而言，最重要的因素是射流出口的出流动量（单位出流动量），正是射流动量有效地控制射流的发展。

4.7　壁面温度的影响

前述各个章节所讨论的问题均基于贴附壁面为绝热的前提。而工程实践中往往存在墙体传热现象，即壁面温度与射流温度不等的情形（如贴附面为玻璃或外墙等），因存在壁面与气流温差，竖壁面处产生浮升力而形成了附加的自然对流换热。若自然对流和强迫对流同时对换热起支配作用（$0.1 \leqslant Gr/Re^2 \leqslant 10$），则为混合对流换热过程[114,115]。格拉晓夫数 Gr 由羽流与环境之间的相对温度差 $T_m - T_\infty$ 来定义：

$$Gr = \frac{gx^3 \sigma (T_m - T_\infty)}{v^2} \tag{4-25}$$

对于平面湍流羽流，Gr 数与当地 Re 数（$B^{\frac{1}{3}} x/v)^2$）成正比，B 为单位浮力总通量。由平面羽流层流到湍流的转变是在 Gr 数大约为 3×10^8 时完成的。

当壁面温度高于室内空气温度（$t_w > t_n$），产生沿竖壁向上的对流流动 [见图 4-32 (a)]，而壁面温度较低（$t_w < t_n$），气流将因冷却而向下运动 [见图 4-32 (b)]。若热对流与机械力同向，则称为"同向"混合对流，反之则为"反向"混合对流[115]，如图 4-32 (c)、(d)。

下面分析贴附通风中壁面温度对送风气流特性的影响，送风温度 $t_0 = 15℃$，送风高度 $h = 4.0m$，送风口尺寸为 $2.0m \times 0.05m$，工况设置见表 4-8。

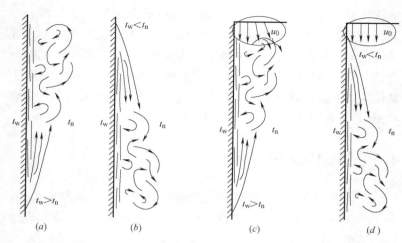

图 4-32　壁面温差导致自然对流及与射流作用机制

(a) $t_w > t_n$；(b) $t_w < t_n$；(c)"反向"混合对流；(d)"同向"混合对流

壁面温度 t_w 及贴附通风送风参数　　表 4-8

送风速度 u_0 （m/s）	壁面温度 t_w （℃）	Gr/Re^2	备注
1.5	15	0.00	$t_w = t_0$
	20	0.23	$0.1 \leqslant Gr/Re^2 \leqslant 10$，壁面自然 对流换热影响不可忽略
	25	0.45	
	30	0.66	
	35	0.88	
3.0	25	0.11	
4.0		0.06	$Gr/Re^2 < 0.1$，机械通风

　　图 4-33、图 4-34 示出了壁面温度变化时对应的室内速度场及温度场。当送风温度不变时，送风均可以形成贴附流动，且随着壁面温度的增加，室内流场没有发生显著变化，但室内空气温度相应增大，工作区空气温度增加值与壁面温度增加值呈相关性。

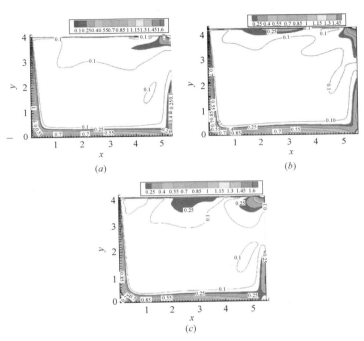

图 4-33 壁面温度变化对流场的影响（$u_0=1.5\mathrm{m/s}$）

（a）$t_\mathrm{w}=15℃$；（b）$t_\mathrm{w}=20℃$；（c）$t_\mathrm{w}=30℃$

图 4-35 示出了壁面温度对送风轴线速度及温度的影响。

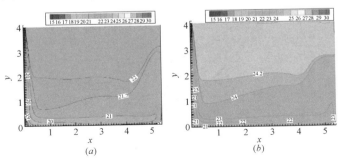

图 4-34 壁面温度变化对温度场的影响（$u_0=1.5\mathrm{m/s}$）（一）

（a）$t_\mathrm{w}=15℃$；（b）$t_\mathrm{w}=20℃$

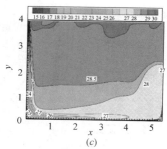

图 4-34　壁面温度变化对温度场的影响（$u_0 = 1.5\text{m/s}$）（二）

（c）$t_w = 30℃$

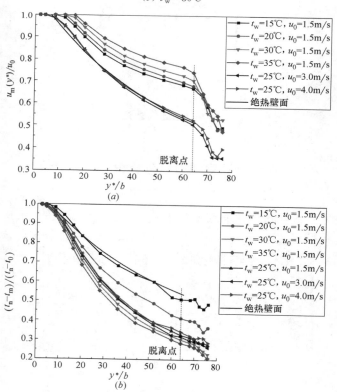

图 4-35　壁面温度对贴附送风气流特性影响（$t_0 = 15℃$）

（a）竖向贴附区轴线速度；（b）竖向贴附区轴线温度

当 $Gr/Re^2 \leqslant 0.1$（机械通风动量较大）时，射流速度较大，此时热壁面产生的自然对流对流场影响可以忽略，图 4-35（a）清晰地表明，竖向贴附区轴线速度与绝热壁面几乎一致。当沿内壁面送风，可忽略壁温对送风流场的影响。否则，则应计及壁面对流换热效应。

4.8 壁面粗糙度效应

在工程实践中，还应考虑贴附壁面可能存在的粗糙度问题。对于壁面贴附射流，作为突起物高度代表的粗糙度 k 是影响贴附流动相对效果的因素之一。贴附流场特性判定依赖于边界层的厚度 δ，可把突起物高度与流动边界层厚度之比 k/δ 视为表征粗糙度效应的一个无量纲量。为简化计，本节以 k/b 来讨论粗糙度效应。显然，假如粗糙突起物很小（或边界层很厚），即 $k \ll \delta$，则粗糙度不会引起流动阻力的增加，可以把竖壁看成是水力光滑的。或者对于大雷诺数送风，表面粗糙度也会变得无关紧要了[116]。然而，在贴附送风射流中，气流流动往往处于过渡区中。

壁面粗糙度还会影响扩展康达效应（Extended Coanda Effect），即影响射流沿竖壁附面层（边界层）脱落后的再次与地板贴附流动，若 $k > \delta$，导致贴附射流流动与室内空气的掺混加剧，使送风动量或能量损失加大。

下面介绍采用 2D-PIV 激光测速技术，测量不同粗糙度下的贴附长度和轴线速度，试验装置如图 4-36 所示（拍摄区域为 x：10～250mm，y：12～330mm），试验小室尺寸为 600mm × 300mm × 340mm，条缝形送风口宽度 $b = 10$mm，粗糙单元紧密均匀排列，绝对粗糙度 k 分别为 0.5mm、1.0mm 及 2.0mm，试验工况见表 4-9。

1. 粗糙度对贴附长度影响

贴附长度定义为射流起始贴附点至脱离点之间的距离。不同

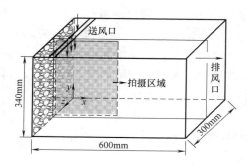

图 4-36　研究粗糙度对竖壁贴附通风影响的试验装置简图

粗糙度下，通过 2D-PIV 激光测得的风速矢量图如图 4-37、图 4-38 所示。可以看出，随着粗糙度的增加，贴附点的变化不大，脱离点略微下移，更加趋近于地面（见图 4-39）。这意味着，粗糙度对偏转气流的贴附造成了阻碍。贴附效应越强，竖向贴附区会越长，更易将空气送至下部工作区。试验表明，送风射流与侧壁之间漩涡（左上角区域）的中心位置（位于 $y = 290$ mm 左右）受粗糙度影响并不明显，但竖向贴附区范围有所下移（见图 4-38）。

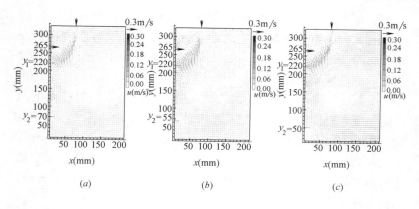

图 4-37　侧壁粗糙度对贴附长度的影响（$u_0 = 0.3$m/s）

（a）$k/b = 0.05$；（b）$k/b = 0.1$；（c）$k/b = 0.2$

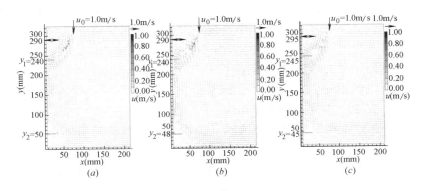

图 4-38 侧壁粗糙度对贴附长度的影响（$u_0 = 1.0\text{m/s}$）

（a）$k/b = 0.05$；（b）$k/b = 0.1$；（c）$k/b = 0.2$

粗糙度对竖壁贴附通风影响的试验工况 表 4-9

相对粗糙度 k/b	送风口位置 S/b	送风速度 $u_0(\text{m/s})$	送风温度 t_0/室内温度 t_n（℃）
0			
0.05	7.5	0.3,1.0,1.5	24（等温工况）
0.1			
0.2			

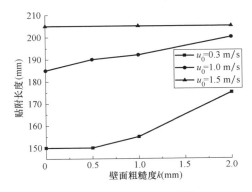

图 4-39 不同粗糙度的贴附长度

2D-PIV 的流场测试表明（见图 4-39），对于偏转贴附通风，粗糙度 k 不大（小于边界层厚度）时，壁面粗糙度的变化对贴附长度和漩涡中心位置的影响并不明显。随风速的增加，粗糙度对贴附长度的影响越来越小（当 u_0 增加到 1.5m/s 时，贴附长度与粗糙度几乎无关）。

2. 粗糙度对轴线速度影响

当改变粗糙度时，射流轴线速度变化的试验结果如图 4-40 所示。可以看出，在 $0 < k/b \leqslant 0.2$ 范围内，粗糙度改变时，贴附射流轴线速度变化规律基本一致，均呈现射流碰撞转折点现象。射流与竖壁碰撞（即竖壁贴附点）后继续向下流动，粗糙度对轴线速度的影响并不显著。

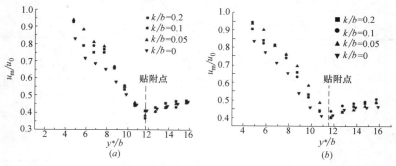

图 4-40　2D-PIV 测得的轴线速度与粗糙度的关系（$S/b = 7.5$）
（a）$u_0 = 1.0$m/s；（b）$u_0 = 1.5$m/s

值得一提的是，图 4-40 所示的轴线速度衰减为偏转贴附通风（$s = 80$mm）的工况，在 $y^*/b < 12$ 范围内，送风气流尚未贴附于壁面，保持了自由射流的特性，速度衰减较快。正因为 s/b 较大（大于推荐极限贴附距离 S_{max}），尽管送风气流最终仍贴附于竖壁，但射流轴线速度已有较大衰减，贴附通风效果较差。由此可以看出，在利用贴附通风时，送风口应尽量贴近于壁面，以保证贴附通风空气湖区气流组织效果。

本章对非等温条件下竖壁、矩形柱及圆柱贴附通风的速度及温度场分布，及人体运动对贴附通风室内流场的影响进行了分析。从热源散热量有效系数（热分配系数）角度而言，工作区（控制区域）温度的高低取决于射流流场与热源羽流之间的相互作用情况。从工程设计角度而言，当热源占地面积 f 与地板面积 F 的比值 $f/F < 0.1$ 时，可以视为点热源；当 $f/F \geqslant 0.5$ 时，可视为平面热源；当 f/F 介于两者之间时，宜按体热源计算。对于一般民用建筑舒适性空调设计，考虑人员的工作区域及人体运动"搅拌"作用，可以按均布面热源进行贴附通风气流组织设计计算。

第 5 章

贴附通风"变工作区"应用及曲面贴附通风

贴附通风气流组织的出发点在于保障有余热的工作区内（控制区域）空气温度、流速等满足卫生学及人体舒适感要求。然而，控制区域往往只占房间的部分空间（如住宅及办公类建筑的控制区域占 40%～60%，对工业建筑高大厂房只占 10%～30%）。通过合适的气流组织——导流板送风来"分割"控制区和非控制区，针对性地满足控制区域的空气分布系统设计要求，从根本上——即从需求侧降低了通风空调系统的冷/热负荷，换言之，从源头上降低了环控系统的能量消耗，其节能意义显而易见。

利用导流板送风方式，可以方便地实现新鲜空气或冷/热气流直接送至呼吸区域或控制区域中。此外，贴附壁面的形状、结构乃至安装高度等直接影响通风效果。当代建筑，特别是一些标志性的现代建筑风格，墙体结构往往采用圆弧、椭圆和斜壁面等构造形式。本章主要阐述了竖壁贴附通风加导流板控制区送风原理，并以最速降线曲面和斜面为例，探讨了曲面贴附通风气流组织特点。此外，简要介绍了适用于特殊空间的贴附通风模式。

5.1 贴附射流加导流板通风（呼吸区通风）

如前所述，室内（车间等）工作区（控制区）仅仅是建筑内部空间的一部分，是人员经常停留或生产工艺所在区域，根据人员活动或生产工艺的要求，区域范围相应改变。"变工作区"是指可以调整、改变工作区，或改变工农业生产活动范围，如设施农业植物生长的区域。竖壁贴附通风加导流板是一种适用于"可变工作区"且行之有效的竖壁贴附送风方式[117]。

其原理是：对于竖壁贴附加导流板通风方式，送风射流沿着壁面运动至导流板，气流沿导流板依靠惯性流动，方向发生改变，送至"变工作区"（人员呼吸区域或被调控区），图 5-1 示出了竖壁贴附加导流板呼吸区送风原理简图。

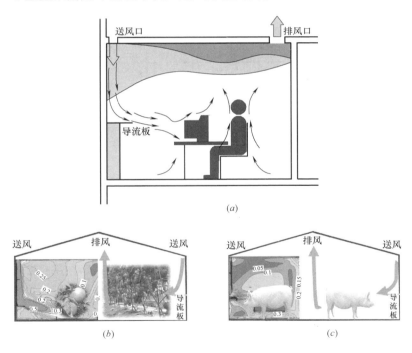

图 5-1　竖壁贴附加导流板控制区送风简图
（a）人员工作区（呼吸区）送风；（b）设施农业植物生长区域送风；
（c）养殖业动物呼吸区送风

5.1.1 导流板形式

下面以办公建筑空调房间为例，分析导流板形式对竖壁贴附呼吸区送风的影响[118]。欧洲置换通风指南规定，呼吸区系指距地 1.1 m（坐姿）或 1.7 m（站姿）内的区域（REHVA）[36]。如图 5-2 所示，房间尺寸为 $3.6~m \times 4.2~m \times 2.7~m$，条缝形送风口尺寸为 $1.2~m \times 0.05~m$，内有办公桌及工作人员。作为示例，这里给出了水平导流板和圆弧导流板两种导流板形式，工况参数设置见表 5-1，符号含义如图 5-2 所示。

导流板构造形式及送风参数 表 5-1

工况	送风速度 (m/s)	送风温度 (℃)	导流板构造形式	导流板宽度 b_0(m)	导流板安装高度 h_0(m)	热源（对流热负荷）
1			水平板	0.4		
2	1.5	16.0	水平板	0.2	1.1	人体 134W；灯具 60 W×4
3			圆弧板	水平面投影,0.4（圆弧半径 0.2）		

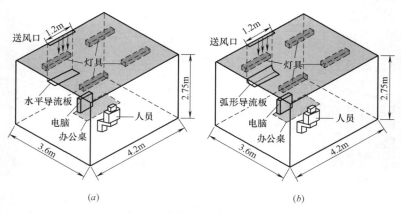

(a)   (b)

图 5-2 两种导流板构造形式及布局（一）

（a）水平导流板；（b）圆弧导流板；

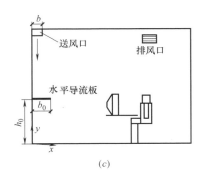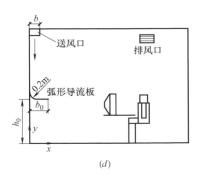

图 5-2　两种导流板构造形式及布局（二）

（c）水平导流板正视图；（d）圆弧导流板正视图

对于导流板形式而言，导流板宽度 b_0（圆弧导流板系指水平投影宽度）会对空气运动有直接影响。房间中央（$z=2.1\ \mathrm{m}$ 截面，办公桌等可视为障碍物）气流运动的速度与温度分布如图 5-3 和图 5-4 所示。

1. 水平导流板

如图 5-3 所示，导流板位于左侧壁中央位置，距地 1.1m。竖壁贴附射流沿壁面向下运动，碰撞导流板并受水平导流板的影响，送风保持水平方向的惯性运动。办公桌作为障碍物影响了气流运动，致使部分气流变为斜下方流动；而另一部分水平流动气流受人体热羽流的诱导作用，呈现向上运动状态，其气流流动速度约为 0.2m/s。

2. 圆弧导流板（半径 0.2m，1/4 圆弧）

圆弧导流板与水平导流板相比，对送风水平方向气流运动的保持效果稍弱，送风沿导流板末端惯性运动到达地面，于地板处形成局部水平运动流场。由图 5-3（b）、（c）速度场及流线图可以看出，气流以惯性运动至人员附近，受人体影响，上部空间产生较大涡旋运动。人体周围及脚踝处（$y=0.1\mathrm{m}$）的气流速度为 0.3m/s 左右。

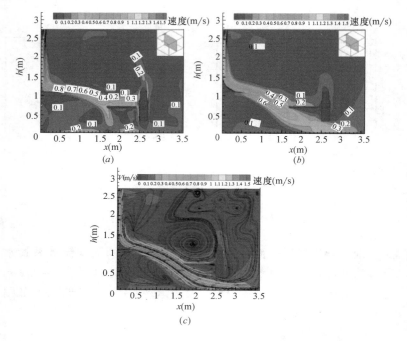

图 5-3　导流板形式对送风速度场的影响

（a）水平导流板；（b）圆弧导流板；（c）速度流线（圆弧导流板）

图 5-4 示出了两种导流板形式的房间温度场分布（送风温度 16℃）。水平导流板相对应的人体呼吸区的气流温度较圆弧导流板低 $1.0 \sim 2.0$℃，这是由于送风射流碰撞不同形状导流板产生不同的惯性作用所致。对于水平导流板，人体面部呼吸区正处于送风射流区内。同等送风条件下，水平导流板具有较远的水平射程。

5.1.2　导流板宽度

导流板宽度 b_0 会直接影响室内的送风流场。导流板宽度增加时，气流碰撞导流板后继续沿水平方向前行的惯性动量保持性增强。对不同宽度的水平导流板（0.2m、0.4m 及

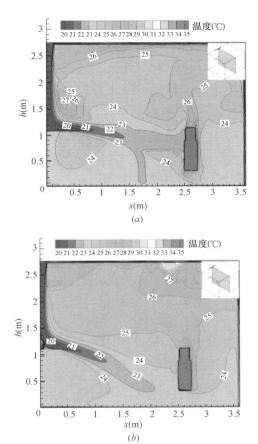

图 5-4 导流板形式对室内温度场的影响
(a) 水平导流板；(b) 圆弧导流板

0.6m)，其房间中央（$z=2.1$m 截面）速度及温度场如图 5-5、图 5-6 所示。

导流板宽度较窄时（0.2m），气流从导流板末端边缘较早地发生脱落，如图 5-5（a）所示。随着导流板宽度的增加（0.4m→0.6m），气流沿水平方向惯性运动的保持性增强，在人员坐姿呼吸区形成有效控制的气流组织，保障人体头部呼吸区处于送风射流区内，从而实现"贴附射流加导流板通风"。空气龄可在某种程度上反映室内空气的新鲜程度，从图 5-5（d）可以看出，导流板宽度在 0.4m 及以上时，人体呼吸区的空气年龄较小，空气相对新鲜，几乎不受室内热环境污染物影响。

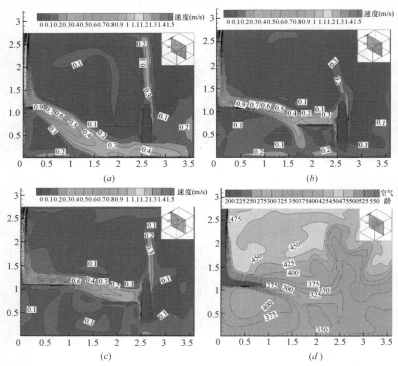

图 5-5　导流板宽度对室内流场及空气龄的影响

（a）$b_0 = 0.2$m；（b）$b_0 = 0.4$m；（c）$b_0 = 0.6$m；（d）空气龄（$b_0 = 0.4$m）

图 5-6 给出了导流板宽度 b_0 对室内温度场的影响。从温度场中同样可以发现：当导流板宽度较大时（0.4m 及以上），人体面部呼吸区正处于送风射流区内；而当导流板较窄时（0.2m），气流较早脱落。对比从小到大三种宽度的导流板，发现呼吸区空气温度会依次降低 1.0～2.0℃，在一定程度上趋向分层空调气流组织效果[119]。

如果导流板宽度相同，无论是水平还是圆弧导流板，两者气流运动轨迹相似。实际工程应用中，推荐采用宽度 $b_0 =$ 0.4～0.6m 的水平导流板，以实现较好的呼吸区送风气流组织。但是，当导流板宽度超过 0.6m 时，会存在占据空间较大等问题。

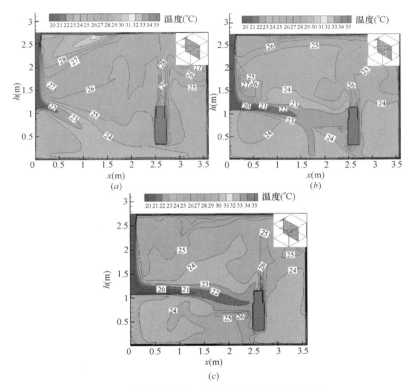

图 5-6　导流板宽度对室内气流温度场的影响

（a）$b_0 = 0.2$m；（b）$b_0 = 0.4$m；（c）$b_0 = 0.6$m

5.1.3　导流板安装高度

图 5-7 给出了三种不同导流板高度（1.1m、1.3m 及 1.5m）对应的室内速度场分布。当导流板低于一定高度时，竖壁贴附射

流撞击导流板后，卷吸周围空气，较快到达地面区域，水平地面的气流运动与竖壁贴附送风空气湖流场相类似。分析表明，导流板高度在1.1m（坐姿呼吸区高度）以上时，对工作区流场影响较不显著，这意味着导流板位置超过一定高度时，在呼吸区形成的气流速度以及温度场差异并不明显（见图5-8）。对呼吸区送风，推荐的导流板安装高度为1.1~1.5m。还要指出，导流板还可以根据需要，与竖壁（或水平壁面）成任意角度安装。此时，贴附射流将会发生流向转弯现象或分叉流动。排风口（回风口）宜布置在上侧或同侧下部。

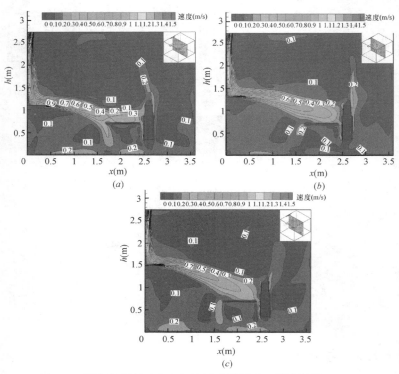

图 5-7　导流板高度对室内气流运动的影响（导流板宽 0.4m）
(a) $h_0=1.1$m；(b) $h_0=1.3$m；(c) $h_0=1.5$m

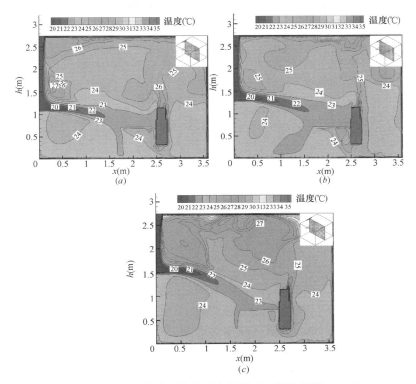

图 5-8 导流板高度对室内温度场影响（导流板宽 0.4m）

（a）$h_0 = 1.1$m；（b）$h_0 = 1.3$m；（c）$h_0 = 1.5$m

5.1.4 导流板应用示例

贴附通风导流板的应用并不限于办公或住宅建筑，还可用于工业领域、设施农业（如温室作物种植）、畜牧业（如鸡舍、猪舍）等各类场合。以常见交通运输列车车厢为例（3.1m×3.0m×2.5m），采用贴附通风气流组织，其条缝形送风口位于车厢顶部送风，尺寸为 3.0m×0.1m，导流板设置于高度 2.0m 处，与侧壁夹角为 30°（即与侧壁法线成 60°），两侧分别设置回风口，尺寸为0.4m×0.2m，如图 5-9 所示。

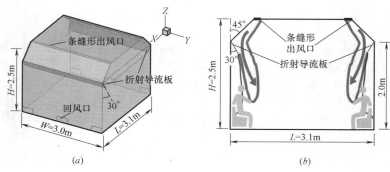

图 5-9　车厢导流板送风示例

（*a*）车厢导流板送风简图；（*b*）折射导流板送风

以车厢导流板送风气流组织为例，送风速度为 1.0m/s，送风温度为 20℃，地板负荷为 120W/m²，侧壁与顶部负荷均为 80W/m²，采用导流板送风，可避免卧铺或坐铺区的吹风感，即贴附送风沿竖直壁面直吹人体颈部造成的不舒适感（特别指出，交通运输列车车厢的人员使用区域与普通民用建筑不同，乘客通常靠墙而坐或睡，这意味着乘客有可能处于贴附通风的撞击区中，为避免此现象发生，故采用贴附通风加导流板送风方式，见图 5-10）。由于导流板的作用，低温送风气流免于直接吹人体颈部（送风射流内边界距壁面 20cm 以外，见图 5-10 中虚线）。

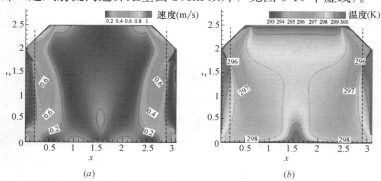

图 5-10　车厢内气流速度与温度分布（$t_0 = 20℃$，$u_0 = 1.0$m/s）

（*a*）速度分布；（*b*）温度分布

概而言之，导流板的形状、宽度和安装高度会对工作区（控制区）内的气流运动产生直接的影响。导流板可以有各种形式，推荐采用水平或带有圆角的水平导流板结构形式；导流板宽度对流场影响较为显著，推荐采用宽度为 0.4～0.6m 的水平导流板。增加导流板宽度会相应延长气流在水平方向的流动惯性，延迟气流与导流板的脱离，工程设计中应依据控制区位置或调控对象需求确定射流所需水平射程，相应调节导流板宽度。导流板高度位于坐姿呼吸区以上时，导流板对通风流场影响并不明显。合理地设置导流板可以有效地提高通风能量利用效率，实现"变工作区（呼吸区）"高效通风气流组织。

5.2 曲面（斜面）贴附通风

曲面、斜面造型的建筑在世界各地大量存在，这些异形构造形式融合了建筑师的灵感、审美与环境、功能、结构等因素。另一方面，其围合空间内的舒适环境营造也是一个值得重视的问题，本节介绍曲面及斜面贴附通风气流流动问题。

曲面形状多种多样，如函数曲面包括球面、椭球面、圆柱面、锥面等规则曲面或各类自由曲面。函数曲面中，下降最快的

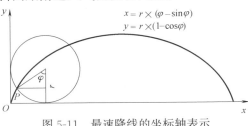

图 5-11 最速降线的坐标轴表示

一类曲面为最速降线曲面（旋轮线曲面，1630 年伽利略提出），见图 5-11，牛顿、莱布尼兹等首先给出了其解析表达式：

$$x = r \times (\varphi - \sin\varphi); \quad y = r \times (1 - \cos\varphi) \tag{5-1}$$

式中 r——圆的半径，m；

φ——圆的半径所经过的弧度（滚动角），rad。

本节以最速降线曲面为例，分析曲面贴附通风气流组织效果及其特征参数（实际上，其他函数曲面分析方法与之类

似)[120,121]。如图 5-12 所示，房间面积为 5.4m×7.0m，高 2.5m。采用条缝形送风口，尺寸为 2.0m×0.05m，排风口尺寸为 0.3m×0.3m。下面分析不同曲率（0.236～0.436m^{-1}）曲面的等温及非等温送风条件下贴附通风的轴线速度、温度分布。

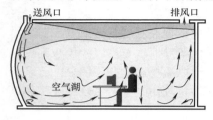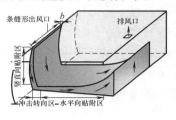

(a)

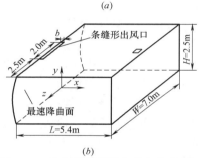

(b)

图 5-12　曲面贴附通风气流组织简图
(a) 曲面贴附气流组织示意；(b) 房间几何尺寸

5.2.1　曲面贴附等温通风

以最速降线曲面为例，分析不同曲率及送风速度的室内空气流场分布。工况设置见表 5-2，速度场分布如图 5-13 所示。

曲面等温贴附通风气流组织送风参数　　　　表 5-2

工况	近似曲率(m^{-1})	入口切角度(°)	送风速度(m/s)	风口尺寸(m×m)
轻度弯曲	0.236	72		
中度弯曲	0.336	63	1.0、1.5、2.0	2×0.05
重度弯曲	0.436	52		

尽管三个工况的曲率相差较大，其曲面贴附区的通风流型相似，均能在工作区形成"空气湖"状速度分布，如图 5-13 所示。水平空

气湖厚度约为 0.4m，周围环境空气流速低于 0.1m/s，能够将新鲜空气或冷、热气流有效送到水平空气湖区，且不会对人员造成吹风感。值得注意的是，与竖壁贴附射流相比，气流沿曲面达到地面时，"圆顺"地沿地面向前运动，在碰撞区几乎不存在较大涡旋，送风动量损耗较小，能量利用率有所提高，其水平空气湖气流轴线速度较竖壁贴附送风有所增加，如图 5-14（b）所示。

 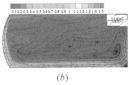 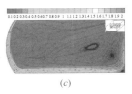

（a） （b） （c）

图 5-13　不同曲率曲面贴附通风速度场（$u_0 = 2.0\text{m/s}$）

（a）轻度弯曲（曲率 0.236m^{-1}）；（b）中度弯曲（曲率 0.336m^{-1}）；

（c）重度弯曲（曲率 0.436m^{-1}）

曲率对送风轴线速度的影响如图 5-14 所示。沿曲面贴附区，轴线速度分布呈现一致的衰减规律。射流碰撞地面后，轴线速度先跃升后缓慢衰减，转折点发生在 $x/b = 15$ 处。随着曲率进一步增大，竖向及水平贴附区轴线速度衰减略有增加（以曲率 $0.236 \sim 0.436\text{m}^{-1}$ 为例，变化幅度不超过 10%）。

此外，比较曲面与竖壁贴附通风的轴线速度（见图 5-14），在曲面（竖向）贴附区，二者在射流起始段（$y^*/b < 10$）几乎相同，之后曲面贴附送风的轴线速度逐渐小于竖直壁面。原因在于送风高度相同时，曲面较竖壁贴附路径稍长一些，速度衰减略快于竖壁。在碰撞加速段之后（$x/b \geqslant 15$）的水平空气湖区，前者轴线速度略大于后者，两者相差约在 10% 以内。

5.2.2　曲面贴附非等温通风

已有研究表明，对于曲面贴附通风方式，随着曲率增加，速度衰减更加迅速（轴线速度曲线斜率增大）。以曲率为 0.336m^{-1} 的最速降线曲面为例，非等温送风的室内温度分布如图 5-15 所示，送风参数设置见表 5-3。

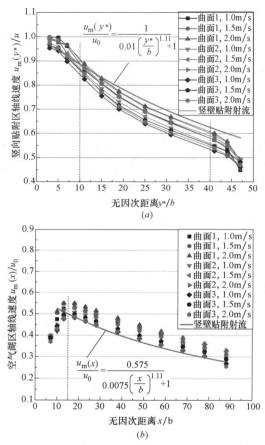

图 5-14 不同曲率曲面贴附通风轴线速度

注：曲面 1：曲率 $0.236\mathrm{m}^{-1}$；曲面 2：曲率 $0.336\mathrm{m}^{-1}$；曲面 3：曲率 $0.436\mathrm{m}^{-1}$。

（a）竖向贴附区轴线速度；（b）空气湖区轴线速度

曲面非等温贴附通风参数   表 5-3

工况	曲率 （m^{-1}）	送风速度 u_0（m/s）	送风温度 t_0（℃）	热流密度 q（W/m^2）
轻度弯曲	0.236		17	
中度弯曲	0.336	1.0、1.5、2.0	19	50
重度弯曲	0.436		21	

1. 室内温度场

室内散热负荷保持不变时，不同送风温度及速度形成的室内温度场如图 5-15 所示。空气湖区（工作区）温度沿程不断升高，沿高度方向存在显著的温度分层现象，地板附近空气温度较低，上部区域温度较高，工作区温度较为均匀，最大温差不超过 3.0℃，满足头部与脚踝处温度差（垂直温差）的舒适感要求。

当送风速度不变，送风温度升高时［见图 5-15（a）、（b）］，室内空气温度相应增加，换言之，工作区温升与送风温升近乎相同。

送风速度会显著影响室内空气的温度分层。对比 5-15（b）、（c）两图，送风速度较小时（1.0m/s），沿室内高度方向的温度分层更加显著，这与地板低速送风原理是类似的。

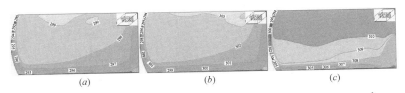

（a）　　　　　　　　　（b）　　　　　　　　　（c）

图 5-15　曲面非等温贴附送风的室内温度分布（曲率为 0.336m^{-1}）

（a）$t_0 = 17℃$，$u_0 = 2.0\mathrm{m/s}$；（b）$t_0 = 21℃$，$u_0 = 2.0\mathrm{m/s}$；

（c）$t_0 = 21℃$，$u_0 = 1.0\mathrm{m/s}$

2. 轴线过余温度分布

一般而言，曲率变化对轴线温度分布影响不大，如图 5-16 所示。对于曲面贴附区，轴线过余温度在起始段（$0 \leqslant y^*/b \leqslant 10$，即 10 倍于射流出口宽度（直径）范围内的区域）差别不大。当 $y^*/b > 10$ 之后，低送风速度的曲面贴附区过余温度低于高风速对应值（如 $u_0 = 1.5\mathrm{m/s}$ 和 $2.0\mathrm{m/s}$），这意味着对于曲面贴附送风，更应注意选择合适的送风速度。与竖壁通风相比，两者差值不超过 7%。

对于水平空气湖区，轴线过余温度随射程呈近似指数衰减规律，与竖壁贴附通风类似。

3. 曲率对贴附送风的影响

一般而言，曲率变化对贴附通风气流流动的影响并不大。应

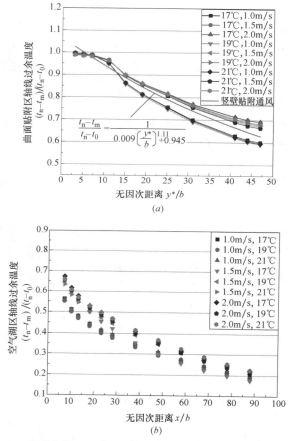

图 5-16　曲面非等温贴附送风轴线过余温度（曲率为 0.336m^{-1}）

（a）曲面贴附区；（b）水平空气湖区

该注意，以曲率为 $0.236\sim0.436\text{m}^{-1}$ 的最速降线曲面的分析结论，对其他类型曲面贴附送风也近似适用。对于一般办公或商业建筑的常用送风高度，圆弧、椭圆弧和最速降线曲面如图 5-17 所示，同等高度下，前两者与最速降线的曲率相差仅约 0.029m^{-1}。

建筑中同样存在较多的斜面结构，斜面可视为曲面的特例。斜面贴附通风气流组织如图 5-18 所示。送风气流从入口沿斜面向下流动至地面，而后平缓转向为水平运动，沿地面向前继续扩散流动，在工作区形成空气湖流场，沿房间高度方向呈现温度分层现象。

值得注意的是，当冬季送风气流温度高于室内环境温度时（冬季热射流），在相同条件下，斜面倾角 β 越小，越不利于热射流到达工作区，这意味着需相应提高送风动量（送

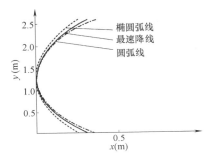

图 5-17　三种等高曲面

（曲率为 $0.336\mathrm{m}^{-1}$）

风速度），如图 5-19 所示。一般而言，对于普通办公建筑或住宅房间的斜面贴附送风，送热风的速度不宜小于 $2.0 \sim 3.0\mathrm{m/s}$，以保证热风送至工作区，保障工作区热环境满足人体热舒适要求。

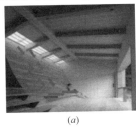

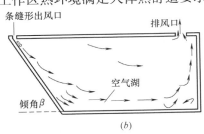

（a）　　　　　　　　　　（b）

图 5-18　斜面贴附通风简图

（a）建筑斜面；（b）斜面贴附气流组织示意

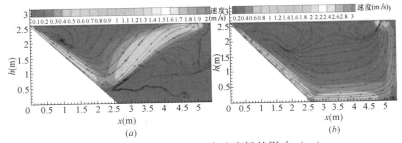

图 5-19　壁面倾角对室内速度场的影响（一）

（a）$\beta = 45°$，$u_0 = 2.0\mathrm{m/s}$；（b）$\beta = 45°$，$u_0 = 3.0\mathrm{m/s}$

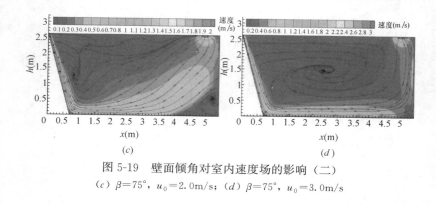

图 5-19　壁面倾角对室内速度场的影响（二）

(c) $\beta=75°$，$u_0=2.0\text{m/s}$；(d) $\beta=75°$，$u_0=3.0\text{m/s}$

5.3　特殊空间通风

在一些民用、工业及国防领域，存在着大量的小微空间，如行车控制室、列车车厢、机舱等。它们内部空间狭小，设施布置紧凑，但冷、热负荷较大，需要较大的送风量才能满足环境调控需求。在狭小的空间内，若送风气流直接"撞击"人体，易造成吹风感，因此需要合理的气流组织设计以保障其内部环境。

本节简要论述适用于特殊空间的顶部水平贴附送风［见图 5-20（a）］、拐角（阴角）贴附送风［见图 5-20（b）］及顶部撞击转向［见图 5-20（c）］等若干送风形式。

对上述的一些特殊空间，可用顶部水平贴附、拐角贴附及顶部撞击转向等送风方式。这些气流组织方式的特点是送风装置布置于顶部区域，不占用下部有效使用空间。对于顶部水平贴附方式［见图 5-20（a）］，可在端部设置左右两个风口；送风射流贴附于顶部（一次贴附）到达两侧壁面，碰撞后（一次碰撞）气流改变运动方向，实现二次贴附向下流动；之后送风气流可到达两个底角区域，以低速、均匀的状态扩散于室内空间。

对于凹角（阴角）贴附送风［见图 5-20（b）］，其特点是两股气流分别沿着室内相邻壁面的交线向下送风，气流与地面发生一次撞击转向流动，在较小的出风速度下就能达到与顶部水平贴

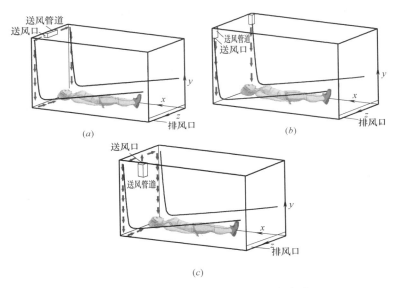

图 5-20　适用于特殊空间的气流组织方式

（a）顶部水平贴附；（b）凹角（阴角）贴附；（c）顶部撞击转向

附送风相同的送风效果。

顶部撞击转向送风［见图 5-20（c）］，该气流组织的特点是送风经过向上撞击顶部→贴附于顶部，撞击两侧→改变方向，向下流动。三种送风方式的室内速度及温度场如图 5-21 和图 5-22 所示。

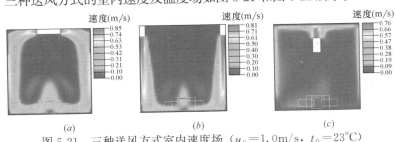

图 5-21　三种送风方式室内速度场（$u_0 = 1.0$m/s，$t_0 = 23$℃）

（a）顶部水平贴附；（b）凹角（阴角）贴附；（c）顶部撞击转向

同等送风速度下，三种送风方式对应工作区的平均气流速度分别为 0.20m/s、0.25m/s 以及 0.10m/s。这意味着，对于凹角

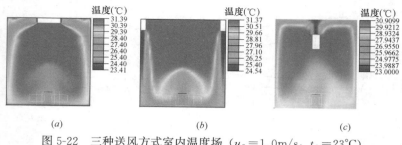

图 5-22 三种送风方式室内温度场（$u_0 = 1.0\text{m/s}$，$t_0 = 23℃$）

（a）顶部水平贴附；（b）凹角（阴角）贴附；（c）顶部撞击转向

（阴角）贴附送风，以较小的出风速度即可保证送风效果；而对于顶部撞击转向送风，则需要较高的 $u0$ 才能保证同样的工作区风速。相对于其他两种送风方式，拐角贴附送风可以较好地保证人员处于舒适的温度区域，如图 5-22 所示。这也表明，送风口的位置对特殊空间气流组织有较大的影响。

此外，对于特殊空间的气流组织形式，为满足环境保障及人员舒适性的要求，可以随特定环境进行送风调节[122-126]，图 5-23 所示为几种特殊的贴附通风方式：

图 5-23（a）为座椅贴附送风方式，由座椅底部送出的较低风速（一般 0.2～0.5m/s）水平气流沿地板贴附前行，碰撞相邻台阶后改变方向成为上升流动，适用于影剧院、会议室等。

图 5-23（b）、（c）示出了横向撞击壁面、斜向撞击壁面贴附送风方式，适用于各类小微空间的环境控制。其共性特点是，与平面或任意角度方向的射流"粘贴"在平面上，并顺着该壁面而扩散。还要指出，当射流入射角 $\theta = 90°$ 时，射流均匀地向各方向贴附；当入射角 $\theta = 45°$ 时，大部分射流将流向转弯比较均匀的一边；而当入射角 $\theta \leqslant 22.5°$ 时，实际上几乎全部射流均流向一边。

图 5-23（d）为圆形风口贴附送风方式。特别值得一提的是，由于贴附通风控制区速度限制（1～5m/s），对于机场、高铁站候机（车）大厅等高大空间，可在大厅中专门设立送回风一体化通风柱，通风柱的低位贴附通风控制近区，高位射流送风控

制远区，实现了贴附通风与纵向射流通风的分区控制，与全室混合通风相比，具有较好的节能效果，如图 5-23（e）所示。

图 5-23（f）则为工业厂房中的贴附通风应用简图。

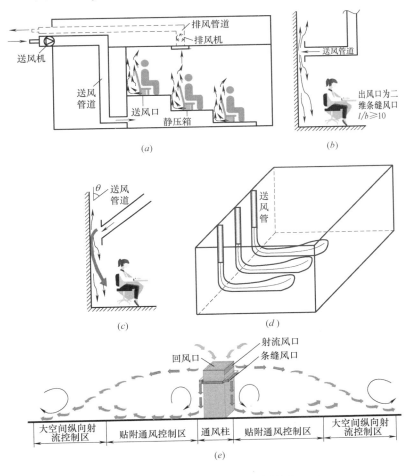

(a)

(b)

(c)

(d)

(e)

图 5-23　几种特殊气流组织方式简图（一）

（a）座椅贴附送风（b）横向撞击壁面贴附送风；（c）斜向撞击壁面贴附送风；
（d）圆形风口贴附送风；（e）高大空间设立通风柱，实现
贴附通风与纵向射流通风的分区控制

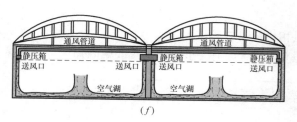

图 5-23　几种特殊气流组织方式简图（二）

（f）工业厂房贴附通风

第 **6** 章

贴附通风气流组织设计方法

保障国计民生、各行各业所需的室内环境是工程师们，特别是暖通空调工作者的重要任务，而通风气流组织则是实现这一任务的重要手段。气流组织影响空气品质、人体热舒适与工作效率[127]。

贴附通风气流组织的设计实质则是根据人体舒适或生产环境所需的工作区（控制区）风速、温度、相对湿度等参数要求，分析工作区（控制区）气流运动路径，科学地设计贴附射流送风参数（如 u_0、Δt_0 等），以及确定风口形式、数量、位置。应该指出，由于影响室内空气分布的因素较多，加上实际工程中具体条件的多样性，在进行通风空调气流组织设计计算时，以前面章节提出的气流运动参数关联式为理论依据，同时考虑噪声、经济性问题等客观、主观因素综合分析比较确定。

6.1 贴附通风系统的特点和适用范围

6.1.1 贴附通风系统的特点

如第 4.4.2 节所述，以人为主的"舒适性空调"，其舒适性工作区一般为 2.0m 以下人员活动区域，如果为工农业生产"工艺性空调"，工作区（控制区）则为服务对象的保障区域。

贴附通风气流组织有以下优点：

（1）降低了需求侧空调负荷。贴附通风将空间划分为控制区和非控制区两大部分，它以保障控制区环境为目标，其控制区（工作区）的实际负荷仅为全室负荷的一部分，与混合通风相比，相应地降低了通风空调系统一次投资及运行管理费用。

（2）解决了置换通风无法用于冬季送热风的问题。贴附通风可以在冬季工况下保障大空间送风热射流有效地到达工作区，克服了传统置换通风一般只用于夏季而无法冬季送热风的固有缺陷。

（3）提高空气品质。新鲜的送风气流优先达到工作区，克服了"大漫灌"混合通风气流组织因人体处于回流区所带来的空气品质差等问题；与混合通风相比，提高了通风（温度）效率。

（4）节省宝贵的工作区使用空间。贴附通风系统装置一般安装于房间上部，避免了置换通风占用下部使用空间或抬升地板高度（用于安装置换通风静压箱及管道）系列弊端。

当然，任何事物都是一分为二的。若建筑壁面及附近存在各种设备、装置（对气流运动来说，是它的障碍物），则会限制贴附通风的适用性。

6.1.2　工作区（控制区）范围

贴附通风送风管道、静压箱及空气分布器一般安装于房间顶部（不占用下部使用空间），气流借助于竖壁或柱壁到达房间下部，冲击地面转为水平向流动。因此，从某种意义上来说，贴附通风融合混合送风和置换通风两种方式的优势，在下部空间形成类似置换通风的气流组织。欧洲供热、通风与空调协会（REHVA）规定了工作区的范围[36]，见表 6-1。贴附通风控制区为：

（1）距送风口所在墙壁或柱面 1.0m；

（2）距外墙、门及窗 1.0m；

（3）距内墙 0.5m；

（4）地面以上 0.1～2.0m。

竖壁、柱壁贴附通风的具体工作区范围如图 6-1 中阴影区域所示。应该注意，对于不同的保障调控对象，可根据实际需求选择工作区（控制区）范围。

气流组织工作区（控制区）范围　　　　表 6-1

围护结构或设备	控制区的边界与围护结构或设备之间距离（m）		
	置换通风	竖壁贴附通风	混合通风
风口所在墙壁/柱面	0.5～1.5	1.0	1.0
外墙、门、窗	0.5～1.5	1.0	1.0
内墙、未设送风口的柱面	0.25～0.75	0.5	0.5
地板	0.0～0.2	0.1	0.0
地板到顶部距离	1.1^*～2.0^{**}	2.0	1.8

注：表中带 * 以坐姿为主时的取值，带 ** 以站姿为主时的取值。

6.1.3　控制区气流参数及风口布置

根据国内外标准（GB/T 50155—2015，BSEN ISO 7730—2005，ANSI/ASHRAE Standard 55—2017 等）关于气流组织参数设计规定，提出下列贴附通风气流组织控制参数：

（1）工作区温差范围：$t_{0.1}-t_{1.7}\leqslant 3.0℃$（站姿），$t_{0.1}-t_{1.1}\leqslant 2.0℃$（坐姿）；

（2）工作区地面 0.1m 处最低空气温度：$t_{0.1,min}\geqslant 19℃$（冬季），$t_{0.1,min}\geqslant 21℃$（夏季）；

（3）工作区空气流速：对于办公、住宅类建筑，$u_n\leqslant 0.2m/s$（冬季），$u_n\leqslant 0.3m/s$（夏季）；对于暂时停留区，如高铁车站、地铁站、机场候机厅等场所，$u_n\leqslant 0.3～0.8m/s$；对于一些工业类建筑，如地下电站厂房等，可取 $u_n\leqslant 0.2～0.8m/s$，或根据生产工艺需要，确定其控制风速；

（4）控制区边界风速 $u_{m,1.0}$ 值：对于一般办公、住宅类建筑等，可取 $u_{m,1.0}\leqslant 0.5m/s$；对于暂时停留场所，$u_{m,1.0}\leqslant 1.0m/s$；对于工业类建筑，应根据生产工艺需要，确定其控制区边界风速。

（5）送风口宜紧贴竖壁面布置。在实际工程中，若受施工工艺及条件限制，送风口难以紧贴壁面布置时，为尽可能形成贴附

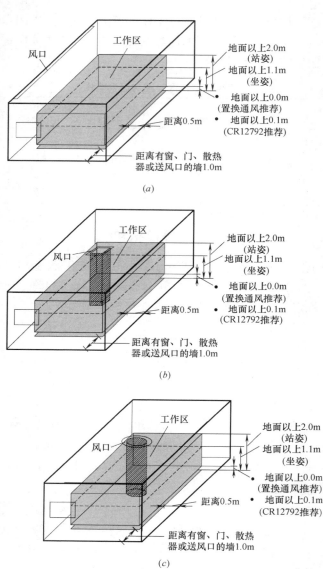

图 6-1　贴附通风控制区（工作区）范围

（a）竖壁；（b）矩形柱；（c）圆柱

射流，可将送风口叶片改为可调角度叶片，通过调整送风方向，使其产生"偏转效应"——将送风方向适当朝向竖壁面。

（6）关于排（回）风口的气流流动，近似于球面空间汇流。排（回）风口的速度衰减快，影响范围一般约限于 1～1.5 倍风口直径（当量直径）内。但是，也应考虑排风口的合理位置，以便实现预定的设计气流分布模式，否则会降低送风作用的有效性。

除此之外，贴附通风风口布置应遵循以下原则：

（1）送风口不宜布置在室内的外墙或外窗所在壁面；

（2）所在壁面不应有大量遮挡物，贴附送风气流撞击区域附近不应有障碍物；

（3）布置送风口时，室内人员应在其扩散的平面临近区域（控制区边界 1.0m）以外；

（4）排风口应尽可能设置在室内上部或较高处。

6.2　贴附通风设计方法

与传统混合通风相比，贴附通风设计计算最大的特点是不仅要考虑室内热舒适性——温度的影响；还考虑了满足控制区需求，降低了需求侧的室内有效冷（热）负荷问题，即提高了通风（温度）效率。

贴附通风的设计过程就是在满足工作区人员舒适性及节能或工艺要求的前提下，提出合适的送风参数，如风速、温度及风口尺寸等。图 6-2 给出了相关设计参数。以夏季工况为例，贴附通风的设计计算阐述如下。所用的相关公式系基于本书第 3～4 章给出的贴附通风参数计算关联式或相关图表。

1. 确定室内基本参数

（1）设定距地板 1.1m 处的目标控制温度 $t_{d,1.1}$（由于房间工作区的温度 t_n 主要取决于离地面 1.1m 高度处的温度[128]，可将 $t_{d,1.1}$ 与室内设计温度 t_n 取为一致）。

（2）确定工作区的垂直温度梯度 Δt_g：

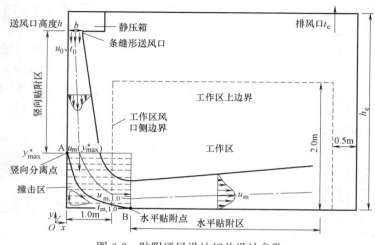

图 6-2　贴附通风设计相关设计参数

测试及分析表明，贴附通风空气湖中的垂直温差较小，其温度梯度一般低于置换通风的 $2.0℃/m$，贴附通风中 Δt_g 一般取 $1.0\sim1.5℃/m$。

（3）计算室内工作区冷负荷 Q_n（W）：

贴附通风中 Q_n 是工作区（控制区）的实际余热量，由全室余热量 Q 乘以热分布系数 $m=\dfrac{t_n-t_0}{t_e-t_0}$ 所得，其中热分布系数 m 为工作区内的余热量与整个室内余热量之比，即 $m=\dfrac{工作区余热量\ Q_n}{全室余热量\ Q}$，$m$ 可根据热分层高度计算[26]，或由类似性质的高大空间经实测与计算得出，对一般高大建筑空间（高度 $5.0\sim20m$），通常可取 $m=0.50\sim0.85$，当缺乏实测数据时，可取 $m=0.70$[14,129,130]。

（4）房间及贴附壁或面柱面尺寸、送风口及排风口安装高度 h、h_e。

2. 确定排风温度 t_e

根据室内垂直温度梯度 Δt_g，可以通过式（6-1）计算排风

温度 t_e：

$$t_e = t_{d.1.1} + \Delta t_g (h_e - 1.1) \tag{6-1}$$

3. 确定送风温度 t_0

设定送风至地面附近（高 0.1m 以内）无量纲温升 $\kappa = \dfrac{t_{0.1} - t_0}{t_e - t_0}$，$\kappa$ 与室内热源种类有关，一般而言，对于室内存在不同种类热源（包括人员及常用办公设备），推荐取 0.50；分布热源，取 $0.65^{[14]}$。

对于竖壁贴附通风，推荐 $\kappa = 0.55$，则送风温度 t_0 可由式 (6-2) 确定：

$$t_0 = t_{d.1.1} - \frac{1 + \kappa (h_e - 1.1)}{1 - \kappa} \Delta t_g \tag{6-2}$$

当 $\kappa = 0.55$ 时，$t_0 = t_{d.1.1} - (0.88 + 1.22 h_e) \Delta t_g$。

4. 计算送风速度 u_0

贴附通风推荐采用条缝形送风口，假定条缝形送风口宽度为 b（一般取 $0.03 \sim 0.15$m）及长度 l（对于竖壁送风，也可等间距或不等间距地布置 N 个风口，此时每个风口长度即为 l/N，l 应满足壁面尺寸要求。根据贴附壁面或棱柱的实际尺寸（圆柱直径或矩形柱边长），初步确定送风口面积 F。

根据能量平衡计算 u_0：

$$u_0 = \frac{Q_n}{\rho \cdot c_p (t_n - t_0) \cdot F} \tag{6-3}$$

式中　F——送风口面积，m^2。

5. 校核距竖壁 1.0m 处控制风速 $u_{m,1.0}$

可由式 (6-4) 计算送风射流脱离点 y_{max}^* 处的轴线速度 $u_m(y_{max}^*)$：

$$\frac{u_m(y_{max}^*)}{u_0} = \frac{1}{0.012 \left(\dfrac{y_{max}^*}{b} \right)^{1.11} + 0.90} \tag{6-4}$$

其中，$y_{\max}^*$ 由式（4-18）计算：

$$y_{\max}^* = 0.92h - 0.43 \tag{4-18}$$

研究表明，无量纲速度 $\dfrac{u_{m,1.0}}{u_0}$ 和 $\dfrac{u_m(y_{\max}^*)}{u_0}$ 之间存在式（4-21）所示的关系，根据式（4-20）计算距竖壁 1.0m 处控制风速 $u_{m,1.0}$：

$$\frac{u_m(y_{\max}^*)}{u_0} = k_v \frac{u_{m,1.0}}{u_0} + C_v \tag{4-21}$$

k_v 和 C_v 取值与贴附通风壁面类型有关，对于竖壁贴附，$k_v = 1.808$，$C_v = -0.106$；柱面贴附（圆柱和矩形柱），$k_v = 1.374$，$C_v = -0.060$；

若 $u_{m,1.0}$ 满足控制风速要求，即 $u_{m,1.0} \leqslant 0.5\text{m/s}$（办公住宅建筑），或 $u_{m,1.0} \leqslant 1.0\text{m/s}$（暂时停留场所），即可满足要求。否则，返回第 4 步重新假定风口宽度 b，布置长度 l 进行计算。

6. 检查空气湖末端 x 处轴线风速 $u_{m,x}$

可按式（3-44）计算空气湖末端 x 处轴线风速 $u_{m,x}$ 值：

$$\frac{u_{m,x}}{u_0} = \frac{0.575}{C\left(\dfrac{x}{b} + K_h\right)^{1.11} + 1} \tag{3-44}$$

式中　C——形状因子，竖壁 $C = 0.0075$，矩形柱 $C = 0.0180$，圆柱 $C = 0.0350$；

　　　　K_h——修正因子，对于竖壁和矩形柱，$K_h = \dfrac{1}{2}\dfrac{h - 2.5}{b}$；对于圆柱，$K_h = \dfrac{1}{6}\dfrac{h - 2.5}{b}$。

若 $u_{m,x}$ 满足工作区空气流速 u_n 要求，即满足 $u_{m,x} \leqslant 0.3\text{m/s}$（对于暂时停留区，$u_n \leqslant 0.3 \sim 0.8\text{m/s}$）。校核房间壁面或柱面尺寸是否可以满足布置风口总长度 l 的要求，如满足要求，则计算结束；否则返回第 4 步重新假定风口尺寸 b、l 进行计算。

上述设计步骤可由图 6-3 所示的贴附通风设计流程表述。

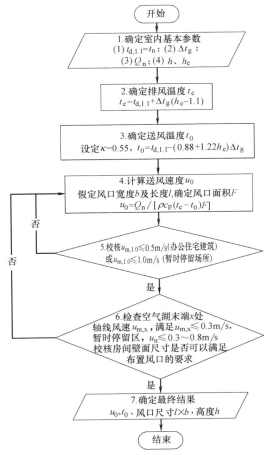

图 6-3 贴附通风气流组织设计计算流程图

6.3 贴附通风 "变工作区" 应用设计方法

对于工作区（控制区）的范围经常需要改变的一些生活或生产场所，竖壁贴附加导流板送风提供了 "量体裁衣" 的送风方式。如第 5 章所述，竖壁贴附加导流板通风方式是指，送风气流沿竖壁运动至导流板，随导流板流动方向发生改变，送至可变工作区（人员呼吸区域）。导流板与竖壁贴附条缝形送风口的科学结合，可以创造呼吸区送风（或工农业生产或作物生长区）的气流组织方式，既可以提高室内通风效率及室内人员的热舒适性，也可提高农业环境、畜牧业等生产环境的劳动生产率。

导流板送风的实质包括了竖壁贴附送风及分层空调送风原理，如图 6-4 所示。

应该注意的是，对于舒适性空调（呼吸区送风方式），导流板送风一般适用于沿水平射程方向长度 3.0～5.0m 的空间。如应用于高大空间，则可以适当提升导流板高度。

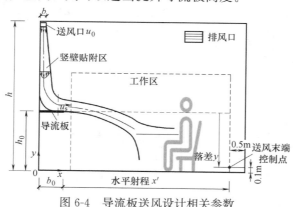

图 6-4　导流板送风设计相关参数

导流板送风的设计计算步骤如下：

（1）假定风口宽度 b 和导流板安装高度 h_0（对于舒适性空调 $h_0=1.1～1.2m$，对于工艺生产，根据控制区确定）、导流板宽度 b_0（推荐值 0.4～0.6m）。

（2）确定导流板送风末端控制区及末端控制点，人体脚踝高度 0.1m 及距内墙 0.5m 以内（对于外墙为 1.0m），即在水平方向射程为 $x'=x-b_0-0.5$，竖直落差为 $y=h_0-0.1$。

（3）根据送风气流的水平射程 x' 及垂直落差 y，由式（6-5）计算送风阿基米德数 Ar。

$$\frac{y}{b}=Ar\left(\frac{x'}{b}\right)^{2}\left(0.51\frac{ax'}{b}+0.35\right) \tag{6-5a}$$

或

$$Ar = \frac{\dfrac{y}{b}}{\left(\dfrac{x'}{b}\right)^2\left(0.51\dfrac{ax'}{b}+0.35\right)} \tag{6-5b}$$

式中　Ar——阿基米德数；

　　　x'——水平射程，导流板末端至控制区末端的水平射程，m；

　　　y——导流板位置至呼吸区末端控制点竖向落差，m；

　　　a——风口紊流系数，扁平风口一般为 0.108，或由试验确定。

（4）确定送风温度 t_0：

根据相关设计规范，选定送排风温差 Δt_{oz}（高 5m 以下房间的舒适性空调，不宜大于 10℃），则送风温度可由式（6-6）计算：

$$t_0 = t_e - \Delta t_{oz} \tag{6-6}$$

式中　Δt_{oz}——送排风温差，℃。

排风温度与工作区温度之差体现了温度分层效应，对竖壁贴附加导流板送风有：

$$t_e = t_n + (2℃ \sim 3℃)$$

（5）导流板处风速 u_s 可由式（6-7）计算：

$$u_s = \sqrt{\frac{gb\Delta t_o}{Ar(t_n+273)}} \tag{6-7}$$

式中　u_s——导流板处风速，m/s；

　　　Δt_o——送风与工作区温差，即 $\Delta t_o = t_0 - t_n$，℃；

（6）通过导流板处气流速度 u_s，可以通过式（6-8）计算射流末端轴线速度 $u_{m,x}$ 和射流平均风速 u_p：

$$u_{m,x} = u_s \frac{0.48}{\dfrac{ax'}{b}+0.145} \tag{6-8a}$$

$$u_p = 0.5u_{m,x} \tag{6-8b}$$

u_p 应当满足工作区风速（即 u_n）的要求，$u_p \leqslant 0.2$m/s（冬季），$u_p \leqslant 0.3$m/s（夏季）。对于暂时停留区或工艺性空调，u_p 根据

具体需求确定。若 u_p 不满足要求，需重新选取 b 进行计算。

（7）根据导流板处风速 u_s，由竖壁贴附送风公式计算其送风速度 u_0：

$$\frac{u_s}{u_0} = \frac{1}{0.012\left(\dfrac{h-h_0}{b}\right)^{1.11} + 0.90}$$ (6-9)

（8）根据室内余热量 Q，由能量平衡方程计算送风口总长度 l（m），并校核房间壁面尺寸是否满足要求。可根据房间尺寸，调整送风口个数。

$$l = \frac{mQ}{c_p \rho u_0 b \Delta t_{oz}}$$ (6-10)

上述设计步骤可以由图 6-5 所示的竖壁贴附加导流板气流组织设计流程表述。

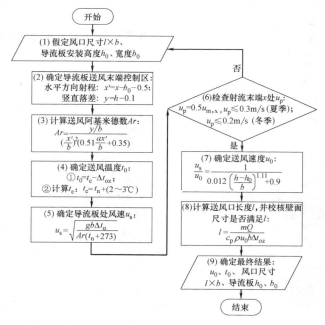

图 6-5　竖壁贴附加导流板气流组织设计流程

6.4　贴附通风与混合通风、置换通风设计方法的对比

关于混合通风、置换通风以及贴附通风的流动特征（运动机制及送风参数特点）、通风效果以及空间利用情况等在本第 2～4 章中已有详细阐述。

气流组织控制的实质是控制送风射流运动的路径，保障工作区（控制区）内的温度及速度满足设计要求。对同一建筑空间而言，不同气流组织的实质是送风气流运动的路径不同，换言之，是机械送风与室内热源热羽流的掺混方式不同。从力学的角度而言，属于机械力和热浮升力两种矢量力的合成作用效果问题。这些问题体现在环境参数上，以控制点风速、垂直温差、工作区风速等来表征之。对于典型混合通风、置换通风及贴附送风，设计方法关键点比较如下：

1. 混合通风

混合通风的形式多样，送风口位置大多处于房间顶部、侧上部或中部，概括而言，属于顶部或上部送风方式。以侧上部送风为例，送风射流轴线与工作区上边界线（边界面）的交点 P_1[131]，如图 6-6（a）所示。实际上，通过保障边界上的速度等于 2 倍的工作区规定风速（即 $2u_n$）[22]，并满足送风温差要求（对于舒适性空调，送风高度 $h \leqslant 5.0\text{m}$，送风温差 $5.0 \sim 10\text{℃}$）[37]，即可保证工作区舒适性要求。很显然，射流入口处于工作区之上，而工作区处于回流区。气流组织承担了房间全部冷（热）负荷。

2. 置换通风

当采用底部侧送方式时，送风气流与工作区侧部边界线（边界面）的交点为 P_2，如图 6-6（b）所示。此时通过控制工作区

侧边界轴线风速为 $0.25\mathrm{m/s}$ 左右，送风温度不宜低于 $18℃$，室内垂直温差不大于 $3.0℃$，即可保证室内热舒适[37,131]；置换通风一般仅用于空调送冷风工况，在需供暖的场合可与辐射供暖系统结合作为新风系统使用[20]。送风口处于工作区之中，工作区则处于送风区中。气流组织承担了房间部分负荷（其设计负荷为工作区负荷乘以安全裕量）。

3. 贴附通风

贴附通风的实质系利用康达效应及扩展康达效应，将上部送风转换为置换通风效果。贴附通风气流与工作区边界线（边界面）的交点 P_3，如图 6-6（c）所示。类似的，通过控制工作区侧边界（距贴附面 $1.0\mathrm{m}$）轴线风速（$u_{\mathrm{m},1.0}\leqslant 0.5\mathrm{m/s}$，办公住宅建筑；$u_{\mathrm{m},1.0}\leqslant 1.0\mathrm{m/s}$，暂时停留场所；或根据设计需要确定），工作区垂直温差在 $3.0℃$ 以内，即可满足室内通风空调设计要求。贴附通风特点是射流入口处于工作区之上，这意味着送风管道系统安装于房间上部"无效空间"。与置换通风类似，气流组织仅承担了房间的部分负荷。

混合通风、置换通风以及贴附通风气流组织设计原理及设计方法列于表 6-2 中。

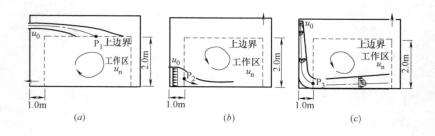

图 6-6 混合通风、置换通风及贴附通风气流组织设计方案对比简图

（a）混合通风；（b）置换通风；（c）贴附通风

表 6-2

混合通风、置换通风及贴附通风气流组织设计流程比较

类型	上部侧送混合式通风(以上送下回为例)[22]	置换通风(以底部侧送为例)[14,16]	竖壁贴附通风
设计步骤			
负荷	全室负荷保持一定时,混合通风负担全室负荷,而置换通风及贴附通风只负担部分负荷(工作区负荷)		
已知条件	房间尺寸 $L \times W \times H$(长×宽×高),冷负荷 Q,室内温度要求 $t_n \pm t_n'$		
设计过程	按舒适性空调设计: ①根据室内余热及送风温差(高 5.0m 以下房间的舒适性空调,$t_n - t_0$ 不宜大于 10℃)计算送风量,$q_s = Q/[\alpha c_p(t_n - t_0)]$。 ②根据送风量及空间尺寸、风口形式及尺寸(确定紊流系数 n_1,有效面积、速度衰减系数 k,温度衰减系数 n_1,	按舒适性空调设计: ①确定室内基本控制参数 $t_{d-1.1}$、Δt_g(一般取 2℃/m)。 ②设定地板附近的无量纲温升,κ: $$\frac{t_{0.1} - t_{m,1.0}}{t_e - t_0} = 0.5。$$ ③计算送排风温差:$t_e - t_0 = 2h\Delta t_g$。 ④计算送风量 t_0 及送风温度 t_0,$q_s = Q/$ $[\alpha c_p(t_e - t_0)]$,$t_0 = t_{d-1.1} - \Delta t_g(h+1.1)。$	按舒适性空调设计: ①确定室内基本控制参数:$t_{d1.1}$、$\Delta t_g(1.0\sim1.5℃/m)$、$Q$、$h$、$h_{e0}$。 ②设定地面附近无量纲温升:$\kappa$: $$\frac{t_{0.1} - t_0}{t_e - t_0} = 0.55。$$ ③确定排风温度 t_e,$t_e = t_{d1.1} + \Delta t_g(h_e - 1.1)。$

续表

类型	上部侧送混合式通风（以上送下回为例）[22]	置换通风（以底部侧送为例）[14,16]	竖壁贴附通风
设计过程	确定风口个数 N 及间距 r，计算单个风口面积 F 及送风速度 u_0。 ③计算射流长度 x：$x = L - 0.5 + (H - 2.0)$。 ④校核射流进入工作区时的速度 $u_{m,x}$， $u_{m,x} = \dfrac{Km_1\sqrt{F}}{x}$（式中 K 为与射流受限、重合有关的系数）； 若 $u_{m,x} \leqslant 2u_n$，则满足要求，否则返回第②步重新布置风口进行计算。 ⑤最终设计参数：u_0、t_0，风口尺寸及位置、个数	⑤校核地面处的温度 $t_{0.1}$，$t_{0.1} \geqslant 22℃$（冬季 20℃）。 ⑥计算送风口面积 F，确定风口个数 N，$F = q_s/(3600 \times u_0 \times N \times k)$，设计或选择照产品手册来选择送风口的尺寸。 ⑦最终设计参数：u_0、t_0，风口宽×高及位置、个数	④确定送风温度 t_0，$t_0 = t_{d,1.1} - (0.88 + 1.22l_e)\Delta_g$。 ⑤计算送风速度 u_0，假定送风口尺寸 b、l，初步确定送风口面积 F，则 $u_0 = Q_n/[C \times \rho_p(t_n - t_0)F]$。 ⑥校核距竖壁 1.0m 处杀制风速 $u_{m,1.0}$，若 $u_{m,1.0} \leqslant 0.5$，即可满足风速要求。否则，返回第⑤步进行计算。 ⑦检查射流湖末端风速 $u_{m,x}$，若 $u_{m,x} \leqslant 0.3$m/s，则计算结束。否则返回第⑤步应满足壁面尺寸要求。进行计算；l 应满足壁面尺寸要求。 ⑧最终计算结果：u_0、t_0，风口尺寸 b、l 及安装高度 h

6.5 贴附通风气流组织设计案例

仅仅向房间（特定空间）提供合适的送风温度及送风量是远远不够的，还必须通过正确的气流组织设计来保证室内人员的热舒适以及空气品质。也就是说，气流组织设计的实质是保证工作区（调节区域）所有位置的温度、风速、温度及风速梯度等参数满足被调节对象的需求。如果气流组织设计不合适，就有可能存在吹风感、滞留区以及局部过热、过冷乃至结露等不良现象，能耗也相应增加。

本书基于理论分析、试验及 CFD 模拟等，提出了贴附通风理论、气流组织设计方法，给出了温度、速度等半解析参数关联式，它们成为工程设计的理论依据。

贴附通风理论及技术在办公建筑、展览馆、地铁、高铁站等得到了越来越多的推广应用，节能降耗效果显著。下面将介绍这些典型应用场景的贴附通风气流组织设计流程。

6.5.1 办公建筑

现考虑一办公用空调房间，尺寸为 $4.0\mathrm{m} \times 5.0\mathrm{m} \times 3.5\mathrm{m}$（长×宽×高），夏季室内余热量为 1.56kW。工作区人员以伏案工作为主，室内设计温度 26℃，试进行竖壁贴附通风气流组织设计。

办公建筑通风空调设计属于典型的舒适性空调设计范畴，气流组织设计的目标旨在保障距地 2.0m 以内人员工作区（指地面以上 $0.1 \sim 2.0\mathrm{m}$，且距风口所在壁面 1.0m、外墙 1.0m 及内墙 0.5m 所围成的区域）的温度、风速、温度及速度梯度等参数，以满足人体舒适性要求。

采用竖壁贴附通风时室内气流分布示意如图 6-7 所示，气流组织设计过程如下：

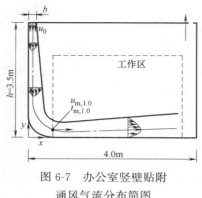

图 6-7　办公室竖壁贴附
通风气流分布简图

1. 确定室内基本控制参数

（1）取 $t_{d,1.1} = t_n = 26℃$（对于贴附通风，t_n 主要取决于 $t_{d,1.1}$，将 $t_{d,1.1}$ 与 t_n 取为一致）；

（2）垂直温度梯度 Δt_g 取 $1.3℃/m$（推荐 $1.0 \sim 1.5℃/m$，低散热量取下限，高散热量取上限）；

（3）工作区余热量 $Q_n = mQ = 0.80 \times 1.56 = 1.25kW$（对于该办公建筑 m 取 $0.80^{[132]}$）；

（4）送风口及排风口安装高度 h、h_e 均为 3.5m；

2. 确定排风温度 t_e

$$t_e = t_{d,1.1} + \Delta t_g(h_e - 1.1) = 26 + 1.3 \times (3.5 - 1.1) = 29.1℃$$

3. 确定送风温度 t_0

设定地板附近（高 0.1m 以内）无量纲温升 $\kappa = \dfrac{t_{0.1} - t_0}{t_e - t_0} = 0.55$

$$t_0 = t_{d,1.1} - (0.88 + 1.22h_e)\Delta t_g = 26 - (0.88 + 1.22 \times 3.5) \times 1.3 = 19.3℃$$

4. 计算送风速度 u_0

假定条缝形送风口宽度 $b = 0.05m$，长度 $l = 2.0m$，则送风口面积 $F = 0.1m^2$。

$$u_0 = \frac{Q_n}{\rho \cdot c_p(t_n - t_0) \cdot F} = 1.55m/s$$

5. 校核距竖壁 1.0m 处控制风速 $u_{m,1.0}$

$$y_{max}^* = 0.92h - 0.43 = 0.92 \times 3.5 - 0.43 = 2.79m$$

$$\frac{u_m(y_{max}^*)}{u_0} = \frac{1}{0.012\left(\dfrac{y_{max}^*}{b}\right)^{1.11} + 0.90} = 0.5$$

$$0.5 = 1.808 \frac{u_{m,1.0}}{u_0} - 0.106$$

$u_{m,1.0} = 0.55\text{m/s} > 0.50\text{m/s}$；返回第 4 步重新假定风口尺寸 b、l 进行计算，计算过程如下：

假定条缝形送风口宽度 $b =$ 0.05m，长度 $l = 3.0$m，则送风口面积 $F = 0.15\text{m}^2$，送风速度 $u_0 =$ 1.03m/s，$u_{m,1.0} = 0.34\text{m/s} \leqslant$ 0.5m/s，空气湖末端风速 $u_{m,x}$ 为 0.3m/s，符合要求。本例中条缝形送风口总长度为 3.0m，可沿房间长度（5.0m）方向均匀布置两个 $1.5\text{m} \times 0.05\text{m}$ 的条缝形风口，如图 6-8 所示。送风速度 $u_0 =$ 1.03m/s，送风温度 $t_0 = 19.3℃$。

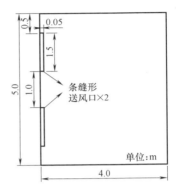

图 6-8 办公建筑竖壁贴附通风气流组织设计平面简图

以上述设计结果作为边界条件，对办公建筑室内气流分布进行模拟，结果如图 6-9 所示。

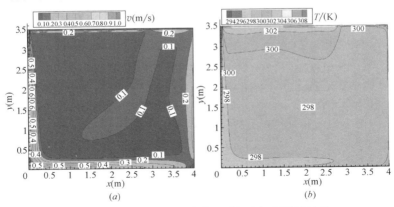

图 6-9 办公建筑竖壁贴附通风气流组织设计效果

（a）室内速度分布；（b）室内温度分布

6.5.2 展览厅

图书展览厅中人员会长时间停留，并且展览厅中藏书较多，对于气流组织设计而言，图书展览厅既富有图书馆特色，又需要满足人员舒适性要求。本节以图书展览厅为例，结合建筑结构特点，对展览厅竖壁贴附通风气流组织进行设计计算。

展览厅尺寸 $L \times W \times H = 24\text{m} \times 16\text{m} \times 4.5\text{m}$，如图 6-10 所示，展览厅吊顶高度为 3.5m。室内余热量为 19.2kW。展览厅夏季室内设计温度为 26℃。试对展览厅内贴附通风气流组织进行设计计算。

展览厅中建筑结构较为简单，可以采用竖壁贴附通风气流组织。以下为该展览厅竖壁贴附通风气流组织设计计算：

1. 明确室内基本设计参数

（1）室内设计温度 $t_n = 26℃$，即可确定 1.1m 处的目标温度 $t_{d,1.1} = 26℃$；

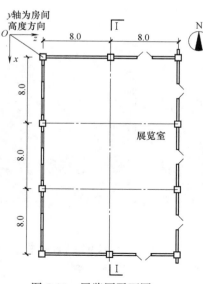

图 6-10　展览厅平面图

（2）工作区的垂直温度梯度 $\Delta t_g = 1.2℃/\text{m}$（考虑人员活动对空气湖气流的扰动，温度梯度相对取低值）；

（3）工作区余热量 $Q_n = mQ = 0.8 \times 19.2 = 15.36\text{kW}$（鉴于展览厅内热源主要为工作区人员，所以 m 取大值）；

（4）送、回风口高度设定为与吊顶高度一致，即 $h = h_e =$

3.5m。

2. 确定排风温度 t_e

$t_e = t_{d,1.1} + \Delta t_g (h_e - 1.1) = 26 + 1.2 \times (3.5 - 1.1) = 28.9℃$

3. 确定送风温度 t_0

设定地面附近（高0.1m以内）无量纲温升 $\kappa = \dfrac{t_{0.1} - t_0}{t_e - t_0} = 0.55$

送风温度：$t_0 = t_{d,1.1} - (0.88 + 1.22 h_e) \Delta t_g = 26 -$ $(0.88 + 1.22 \times 3.5) \times 1.2 = 19.8℃$

4. 计算送风速度 u_0

假定条缝形送风口宽度 $b = 0.12\text{m}$、长度 $l = 18\text{m}$，根据建筑结构，在南北两侧墙上分别布置1个条缝形送风口，送风口面积 $F = 2.16\text{m}^2$，则有：

$$u_0 = \frac{Q}{\rho \cdot c_p \Delta t \cdot F} = \frac{15.36}{1.2 \times 1.004 \times 6.2 \times 2.16} = 0.95\text{m/s}$$

5. 校核距竖壁 1.0m 处控制风速 $u_{m,1.0}$

$$y_{max}^* = 0.92h - 0.43 = 0.92 \times 3.5 - 0.43 = 2.8$$

$$\frac{u_m(y_{max}^*)}{u_0} = \frac{1}{0.012\left(\dfrac{y_{max}^*}{b}\right)^{1.11} + 0.90} = 0.77$$

$$\frac{u_m(y_{max}^*)}{u_0} = 1.808 \frac{u_{m,1.0}}{u_0} - 0.106$$

$u_{m,1.0} = 0.46\text{m/s} < 0.50\text{m/s}$，满足要求。

6. 检查空气湖末端 $x = 12\text{m}$ 处轴线风速 $u_{m,x}$

$$\frac{u_{m,x}}{u_0} = \frac{0.575}{0.0075\left(\dfrac{x}{b} + \dfrac{1}{2}\dfrac{h - 2.5}{b}\right)^{1.11} + 1} = 0.24\text{m/s} < 0.3\text{m/s}$$

气流组织设计完成。

考虑展览厅东西两侧墙壁上开设了多个门窗，难以实现贴附通风，故送风口布置于南北两面墙上。但是，该展览厅南北两面墙上也设立了防火安全门，故在布置风口时，注意避开了门的位

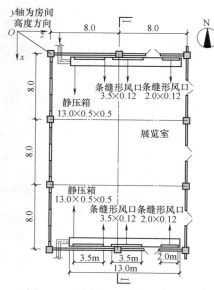

图 6-11　展览厅竖壁贴附通风气流组织设计平面（I-I 为剖面位置）

置，风口的长度并不完全相等。以此确定了送风口为 4 个 3.5m × 0.12m 以及 2 个 2.0m × 0.12m 的送风口，具体布置位置如图 6-11 所示。送风参数 $u_0 = 0.95$m/s、$t_0 = 19.8$℃。展览厅内贴附通风气流组织效果如图 6-12 所示。

6.5.3　地铁站

地铁交通凭借其速度快、运量大、安全舒适等特点，成为解决城市交通的主要工具。

地铁通风空调系统的主要作用是控制地下空间内空气的温湿度、流速和空气品质。传统的混合式通风空调系统能耗占整个地铁系统能耗比重较大，约占地铁车站总用电量的 $60\% \sim 70\%$。基于上述情况，应用柱面贴附通风对地铁车站公共区进行通风空调设计。

一地铁车站站厅尺寸为 $105\text{m} \times 12\text{m} \times 6.35\text{m}$，内部结构柱为矩形。矩形柱尺寸（长×宽）为 $1.5\text{m} \times 1.1\text{m}$，柱距 $l = 9.0\text{m}$，矩形柱数量 $m = 10$ 个，送风口高度 $h = 4.0\text{m}$。夏季站厅余热 $Q = 112\text{kW}$，室内设计温度 $t_n = 26$℃，工作区人员以站姿为主。由于站厅结构沿长度方向对称，取站厅半宽进行矩形柱贴附通风气流组织设计计算，如图 6-13 所示。

1. 确定室内基本控制参数及房间尺寸

（1）距地面 1.1m 处的目标温度 $t_{d,1.1} = 26$℃；

（2）工作区的垂直温度梯度 $\Delta t_g = 1.3$℃/m；

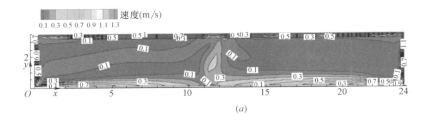

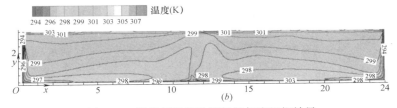

图 6-12 展览厅竖壁贴附通风气流组织效果

（a）I-I 剖面竖壁贴附通风速度场；（b）I-I 剖面竖壁贴附通风温度场

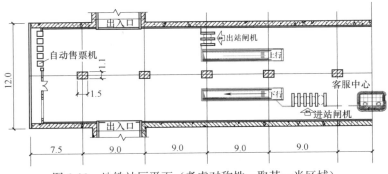

图 6-13 地铁站厅平面（考虑对称性，取其一半区域）

（3）室内余热 $Q_n = mQ = 56 \times 0.75 = 42\text{kW}$（$m$ 推荐取 $0.50 \sim 0.85$，地铁站厅空间较大，热源种类较多且位置分布广，工作区余热相对占比较少）；

（4）贴附矩形柱尺寸为 1.5m×1.1m，数量为 5 个；

（5）送风口及排风口安装高度 $h = h_e = 4.0\text{m}$。

2. 确定排风温度 t_e

$$t_e = t_{d,1.1} + \Delta t_g (h_e - 1.1) = 26 + 1.3 \times (4.0 - 1.1) = 29.8℃$$

175

3. 确定送风温度 t_0

设定地面附近（高 0.1m 以内）无量纲温升 $\kappa = \dfrac{t_{0.1} - t_0}{t_e - t_0} = 0.55$

送风温度：$t_0 = t_{d,1.1} - (0.88 + 1.22h_e)\Delta t_g = 26 - (0.88 + 1.22 \times 4.0) \times 1.3 = 18.5℃$

4. 计算送风速度 u_0

假定条缝形送风口宽度 $b = 0.03$m、矩形柱为 5 个，送风口总面积 $F = 0.80\text{m}^2$，则有：

$$u_0 = \frac{Q}{\rho \cdot c_p (t_n - t_0) \cdot F} = \frac{42}{1.2 \times 1.004 \times 7.5 \times 0.8} = 5.81\text{m/s}$$

5. 校核距柱壁 1.0m 处控制风速 $u_{m,1.0}$

$$y^*_{max} = 0.92h - 0.43 = 0.92 \times 4 - 0.43 = 3.25\text{m}$$

$$\frac{u_m(y^*_{max})}{u_0} = \frac{1}{0.012\left(\dfrac{y^*_{max}}{b}\right)^{1.11} + 0.90} = \frac{1}{0.012 \times \left(\dfrac{3.25}{0.03}\right)^{1.11} + 0.90} = 0.33$$

$$\frac{u_m(y^*_{max})}{u_0} = 1.374\frac{u_{m,1.0}}{u_0} - 0.060$$

$u_{m,1.0} = 1.63\text{m/s} > 1.00\text{m/s}$，该速度不满足要求，需返回第 3 步重新选取风口宽度 b 计算。重新计算如下：

假定条缝形送风口宽度 $b = 0.1$m；结合矩形柱数量，送风口总面积 $F = 2.8\text{m}^2$；

送风速度 $u_0 = 1.67\text{m/s}$；

$u_{m,1.0} = 0.89\text{m/s} < 1.00\text{m/s}$，该速度满足要求。

检查空气湖末端 $x = 7.5$m 处轴线风速 $u_{m,x}$：

$$u_{m,x} = \frac{0.575u_0}{0.018\left(\dfrac{x}{b} + \dfrac{1}{2}\dfrac{h-2.5}{b}\right)^{1.11} + 1} = 0.28\text{m/s}$$，满足地铁

站暂时停留区末端风速要求，$u_{m,x} < 0.3 \sim 0.8\text{m/s}$。

气流组织设计完成。

以此确定的送风口为 5 个宽 0.10m 的"回"形风口，具体布置位置如图 6-14、图 6-15 所示。送风参数：$u_0 = 1.67 \text{m/s}$，$t_0 = 18.5 ℃$。

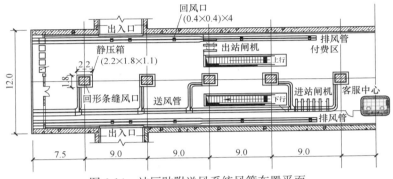

图 6-14 站厅贴附送风系统风管布置平面

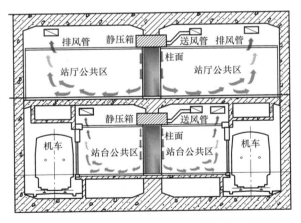

图 6-15 站厅（站台）贴附送风系统风管布置剖面

6.5.4 高铁站候车大厅

铁路客站是重要的城市基础设施和交通枢纽建筑，其中，高铁站内的通风空调系统是保障旅客基本舒适需求及满足铁路客站站房内设备正常运行的重要功能单元，也是铁路客站运行能耗的最重要组成部分。

现考虑一高铁站候车大厅，尺寸为 200.0m × 90.0m × 13.8m（长×宽×高），如图 6-16 所示。夏季室内余热量为 1476kW。采用竖壁贴附通风气流组织，通风柱共 24 个，尺寸为 3.0m×3.0m×4.0m（长×宽×高），送风口高度为 4.0m。活动区温度要求 26℃，试进行竖壁贴附通风气流组织设计。

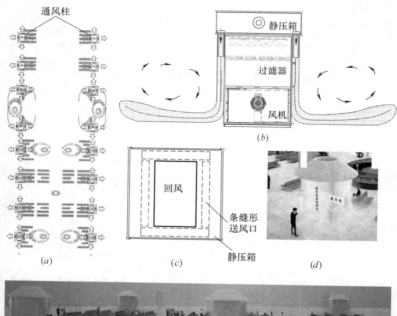

图 6-16　候车大厅贴附通风柱布置简图

(a) 高铁站候车大厅平面图；(b) 通风柱送风原理示意图；(c) 静压箱及送回风口形式；

(d) 通风柱构造示例；(e) 候车大厅通风柱布置示例

1. 确定候车大厅基本控制参数及建筑空间尺寸

（1）距地面 1.1m 处的目标温度 $t_{d,1.1}$＝26℃；

（2）工作区的垂直温度梯度 $\Delta t_g = 1.3℃/m$；

（3）室内余热 $Q_n = mQ = 1476 \times 0.5 = 738kW$（$m$ 推荐取 0.50～0.85，高铁站空间较大，热源种类较多且位置分布广，工作区余热相对占比较少）；

（4）贴附通风矩形柱尺寸为 3.0m×3.0m×4.0m（长×宽×高），数量为 24 个；

（5）送风口安装高度 $h = 4.0m$，排风口安装高度 $h_e = 4.0m$。

2. 确定排风温度 t_e

$$t_e = t_{d,1.1} + \Delta t_g(h_e - 1.1) = 26 + 1.3 \times (4.0 - 1.1) = 29.8℃$$

3. 确定送风温度 t_0

设定地面附近（高 0.1m 以内）无量纲温升 $\kappa = \dfrac{t_{0.1} - t_0}{t_e - t_0} = 0.55$

送风温度：$t_0 = t_{d,1.1} - (0.88 + 1.22h_e)\Delta t_g = 26 - (0.88 + 1.22 \times 4.0) \times 1.3 = 18.5℃$

4. 计算送风速度 u_0

假定条缝形送风口宽度 $b = 0.18m$、贴附通风矩形柱为 24 个，送风口总面积 $F = 54.95m^2$，则有：

$$u_0 = \frac{Q}{\rho \cdot c_p(t_n - t_0) \cdot F} = \frac{738}{1.2 \times 1.004 \times 7.5 \times 54.95} = 1.49m/s$$

5. 校核距竖壁 1.0m 处控制风速 $u_{m,1.0}$

$$y_{max}^* = 0.92h - 0.43 = 0.92 \times 4.0 - 0.43 = 3.25m$$

$$\frac{u_m(y_{max}^*)}{u_0} = \frac{1}{0.012\left(\dfrac{y_{max}^*}{b}\right)^{1.11} + 0.90} = \frac{1}{0.012 \times \left(\dfrac{3.25}{0.10}\right)^{1.11} + 0.90}$$

$$= 0.83$$

$$\frac{u_m(y_{max}^*)}{u_0} = 1.374\frac{u_{m,1.0}}{u_0} - 0.060$$

$u_{m,1.0} = 0.97m/s < 1.00m/s$，该速度满足要求。

检查空气湖末端 $x = 25m$ 处轴线风速 $u_{m,x}$：

$$u_{m,x} = \frac{0.575u_0}{0.018\left(\frac{x}{b} + \frac{1}{2}\frac{h-2.5}{b}\right)^{1.11} + 1} = 0.16\text{m/s}，满足停留$$

区末端风速要求，$u_{m,x} < 0.3 \sim 0.8\text{m/s}$。

气流组织设计完成。

以此确定设计方案为 24 个装有宽 0.18m "回" 形条缝风口的通风柱，送风参数：$u_0 = 1.49\text{m/s}$，$t_0 = 18.5℃$。CFD 模拟计算该高铁站候车大厅气流组织效果如图 6-17 所示。

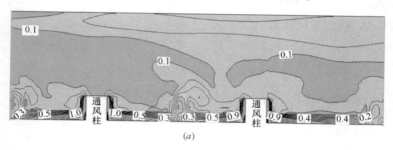

(a)

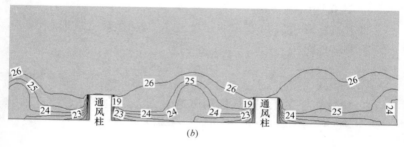

(b)

图 6-17　高铁车站候车大厅竖壁贴附通风气流组织设计效果

（a）候车厅局部速度场；（b）候车厅局部温度场

注：风口宽 0.18m，送风速度 $u_0 = 1.49\text{m/s}$，送风温度 $t_0 = 18.5℃$。

主要符号表

a	1. 矩形柱边长；2. 导温系数
A	送风可及性
Ar	阿基米德数
b	风口宽度，m
b_0	导流板宽度
c	指示剂或污染物浓度，mg/kg
c_p	定压比热，kJ/(kg·℃)
c_s	送风的指示剂或污染物浓度，mg/kg
C	形状因子
C_v	经验系数
d	柱子直径，m
Δt_g	室内垂直温度梯度，℃/m
Δt	送风与工作区温差，即 $\Delta t = t_0 - t_n$，℃
Δt_{oz}	送排风温差，℃
E_T	通风效率
f	热源占地面积
F	地板面积
g	重力加速度，m^2/s
h	送风口安装高度，m
h_0	导流板安装高度，m
H	房间高度，m
k	壁面绝对粗糙度，mm
K_h	高度修正因子
k_v	经验系数
q	热流密度，W/m^2
Q	1. 射流断面流量，m^3/s；2. 室内余热量，W
Q_0	射流初始流量，m^3/s

181

Q_n	工作区余热量，W
$L \times W \times H$	房间尺寸长×宽×高，$m \times m \times m$
m	室内热分布系数，通常 $m = 0.50 \sim 0.85$
n	测点数
N	1. 换气次数（h^{-1}）；2. 风口数量
s	送风口中心距贴附壁面的距离，m
S	送风口内侧距贴附壁面的距离，m
S_{max}	极限贴附距离
t	空气温度，℃
t_0	送风温度，℃
t_e	排风温度，℃
t_i	测点 i 温度，℃
$\bar{t}$	测点平均温度，℃
t_n	室内温度，℃
t_w	壁面温度，℃
t_x	室内某点 x 空气温度，℃
u	气流速度，m/s
u_0	送风速度，m/s
u_i	测点 i 风速，m/s
$\bar{u}$	测点平均风速，m/s
$u_{m,x}$	射流轴线速度
$u_{m,1.0}$	控制区边界风速，空气湖内距竖壁 1.0m 处气流轴线速度，m/s
$u_m (y*_{max})$	壁面射流脱离点轴线速度，m/s
u_p	射流平均风速，m/s
u_s	导流板处风速，m/s
u_x	室内某点风速，m/s
V	房间体积，m^3
x	x 轴坐标
y	y 轴坐标

y^*	平行壁面方向某一点至射流出口（送风口）的距离，$y^* = h - y$
y_1	送风起始贴附点 y 坐标
y_2	射流与竖壁脱离点 y 坐标
z	z 轴坐标
α	风口紊流系数
β	斜面倾角，°
δ_m	贴附射流边界层厚度，壁面距最大速度点的距离
$\delta_{0.5}$ （δ）	贴附射流特征厚度，壁面到轴线外侧 $u = 0.5u_m$ 处的法向（垂直）距离
η	无因次距离，$x/\delta_{0.5}$ 或 $y/\delta_{0.5}$
θ_{ed}	有效吹风温度，℃
τ	1. 切应力；2. 时间，s
τ_t	紊动切应力
κ	送风至地面 0.1m 高度的无量纲温升
μ	动力黏度，Pa·s
ν	运动黏度，m^2/s
ρ	空气密度，kg/m^3
σ	体积膨胀系数，1/K

注：以上符号，凡在图、文中另有标注者，以就近的标注为准。

参 考 文 献

[1] ASHRAE. ASHRAE Handbook：Fundamentals ［M］. Atlanta：American Society of Heating，Refrigeration and Air-Conditioning Engineers，Inc. 2017.

[2] CIBSE. Heating，Ventilation，Air conditioning and Refrigeration- CIBSE Guide B ［M］. Norwich. CIBSE Publications，2005.

[3] Cao G，Awbi H，Yao R，et al. A review of the performance of different ventilation and airflow distribution systems in buildings ［J］. Building and Environment，2014，73：171-186.

[4] Li A，Zhu Y，Li Y. Proceedings of the 8th International Symposium on Heating，Ventilation and Air Conditioning ［M］. Singapore：Springer，2014.

[5] Melikov A K. Personalized ventilation ［J］. Indoor air，2004，14：157-167.

[6] Lin Z，Yao T，Chow T T，et al. Performance evaluation and design guidelines for stratum ventilation ［J］. Building and environment，2011，46（11）：2267-2279.

[7] Han O，Li A，Kosonen R. Hood performance and capture efficiency of kitchens：A review ［J］. Building and Environment，2019：106221.

[8] Chen Q. Ventilation performance prediction for buildings：A method overview and recent applications ［J］. Building and Environment，2009，44（4）：848-858.

[9] 巴图林 B B. 工业通风原理 ［M］. 刘永年 译. 北京：中国工业出版社，1965.

[10] 巴哈列夫 B A，罗扬诺夫斯基 B H. 集中送风式采暖通风设计计算原理 ［M］. 宋德平 译. 北京：中国工业出版社，1965.

[11] Li A，Qin E，Xin B，et al. Experimental analysis on the air distribution of powerhouse of Hohhot hydropower station with 2D-PIV ［J］. Energy Conversion and Management，2010，51（1）：33-41.

[12] Zhang Y，Mo J，Li Y，et al. Can commonly-used fan-driven air cleaning technologies improve indoor air quality? A literature review ［J］. Atmospheric Environment，2011，45（26）：4329-4343.

[13] Karimipanah T，Awbi H B，Sandberg M，et al. Investigation of air quality，comfort parameters and effectiveness for two floor-level air supply systems in classrooms ［J］. Building and Environment，2007，42（2）：647-655.

[14] 陆耀庆. 实用供热空调设计手册（第二版）［M］. 北京：中国建筑工业出版社，2007.

[15] GB/T 50155—2015. 供暖通风与空气调节术语标准 ［S］. 北京：中国建筑工

业出版社，2015.

[16] REHVA. Mixing ventilation-Guide on mixing ventilation air distribution design-REHVA guidebook No. 19 [M]. Dirk Müller, 2013.

[17] 李强民. 置换通风原理、设计及应用 [J]. 暖通空调, 2000, 30 (5)：41-46.

[18] 赵鸿佐, 李安桂. 下部送风房间空气温度分布的预测 [J]. 暖通空调, 1998, (5)：74-77.

[19] Rock B A, Brandemuehl M J, and Anderson R. Toward a simplified design method for determining the air change effectiveness [J]. ASHRAE Transactions, 1995, 101 (1)：217-227.

[20] Awbi H B. Ventilation Systems：Design and performance [M]. USA：Taylor and Francis. 2008.

[21] 克鲁姆 D J, 罗伯茨 B M. 建筑物空气调节与通风 [M]. 陈在康, 尹业良, 陆龙文, 李淑芬, 张正举 译. 北京：中国建筑工业出版社, 1982.

[22] 赵荣义. 空气调节 (第 4 版) [M]. 北京：中国建筑工业出版社, 2008.

[23] 马最良, 姚杨. 民用建筑空调设计 [M]. 北京：化学工业出版社, 2015.

[24] Griefahn B, Künemund C, and Gehring U. The impact of draught related to air velocity, air temperature and workload [J]. Applied Ergonomics, 2001, 32 (4)：407-417.

[25] Lau J, Chen Q. Energy analysis for workshops with floor-supply displacement ventilation under the U. S. climates [J]. Energy and Buildings, 2006, 38 (10)：1212-1219.

[26] 赵鸿佐. 室内热对流与通风 [M]. 北京：中国建筑工业出版社, 2010.

[27] Seppänen O. Ventilation strategies for good indoor air quality and energy efficiency [J]. International Journal of Ventilation, 2008, 6 (4)：297-306.

[28] Fred S. Bauman. Underfloor Air Distribution (UFAD) Design Guide [M]. Atlanta ASHRAE, 2003.

[29] 弗雷德·S. 鲍曼. 地板送风设计指南 [M]. 杨国荣译. 中国建筑工业出版社, 2006.

[30] Yuan X, Chen Q, Glicksman L R. A critical review of displacement ventilation [J]. ASHRAE transactions, 1998, 104：78.

[31] Li A. Extended Coanda Effect and attachment ventilation [J]. Indoor and Built Environment, 2019, 28 (4)：437-442.

[32] 李安桂, 邱少辉, 王国栋. 竖壁贴附射流空气湖模式通风系统 [P]. 中国专利：101225988B, 2011-04-06.

[33] 李安桂, 杨长青, 任彤. 一种形成空气池气流组织的双侧通风装置及其控制方法 [P]. 中国专利：105135585B, 2017-11-28.

［34］ 刘卓妹. 新型气流组织在地铁车站通风空调系统中的应用分析［J］. 暖通空调，2018，48（09）：46-50+68.

［35］ BS EN ISO 7730—2005. Ergonomics of the thermal environment—Analytical determination and interpretation of thermal comfort using calculation of the PMV and PPD indices and local thermal comfort criteria［S］. British Standards.

［36］ ANSI/ASHRAE Standard 55-2017. Thermal environmental conditions for human occupancy［S］. American Society of Heating，Refrigeration and Air-Conditioning Engineers，Inc.，Atlanta，USA，2017.

［37］ GB 50736—2012. 用建筑供暖通风与空气调节设计规范［S］. 北京：中国建筑工业出版社，2012.

［38］ REHVA. Displacement ventilation-REHVA guidebook No. 1［M］. Brussels，Belgium，2002.

［39］ GB/T 50785—2012. 民用建筑室内热湿环境评价标准［S］. 北京：中国工业建筑出版社，2012.

［40］ Fanger P O，Melikov A K，Hanzawa H，RING J. Air Turbulence and Sensation of Draught［J］. Energy and Buildings，12 (1988) 21-39.

［41］ 朱颖心. 建筑环境学（第三版）［M］. 北京：中国建筑工业出版社，2010.

［42］ Sandberg M. What is ventilation efficiency?［J］. Building and Environment，1981，16（2）：123-135.

［43］ 王定锦. 化学工程基础［M］. 北京：高等教育出版社，1992.

［44］ Li X，Li D，Yang X，Yang J. Total air age：An extension of the air age concept［J］. Building and Environment，2003，38（11）：1263-1269.

［45］ Sandberg M，Sjoberg M. The use of moments for assessing air quality in ventilation rooms［J］. Building and Environment，1983，18（4）：181-197.

［46］ ASHRAE. ASHRAE Handbook：Fundamentals［M］. Atlanta：American Society of Heating，Refrigeration and Air-Conditioning Engineers，Inc，2017.

［47］ JGJ/T 177—2009. 公共建筑节能检测标准［S］. 北京：中国建筑工业出版社，2009.

［48］ Coanda H. Device for deflecting a stream of elastic fluid projected into another elastic fluid. US 2052869 A［P］.

［49］ Coanda H. Lifting apparatus. US 3261162 A［P］.

［50］ Coanda H. Propelling Device. US 2108652 A［P］.

［51］ Panitz T，Wasan D T. Flow attachment to solid surfaces：The Coanda effect［J］. Aiche Journal，1972，18（1）：51-57.

［52］ ASHRAE. ASHRAE Handbook：System and Equipment［M］. Atlanta：ASHRAE，2008.

[53] Awbi H B. Ventilation of Buildings（Second Edition）[M]. USA：Taylor and Francis，2003.

[54] 奥比 H B. 建筑通风 [M]. 李先庭，赵彬，邵晓亮，蔡浩译. 北京：机械工业出版社，2011.

[55] 文进希. 平面受限贴附射流的流动规律 [D]. 西安：西安冶金建筑学院，1982.

[56] 祝家燕. 非等温扁平受限贴附流的研究 [D]. 西安：西安冶金建筑学院，1984.

[57] 尹海国，李安桂. 竖直壁面贴附式送风模式气流组织特性研究 [J]. 西安建筑科技大学学报（自然科学版），2015，47（6）：879-884.

[58] 宋高举. 12种典型送风口射流流型可视化及紊流系数试验研究 [D]. 西安：西安建筑科技大学，2005.

[59] Li A，Yin H，Zhang W. A Novel Air Distribution Method - Principles of Air Curtain Ventilation [J]. International Journal of Ventilation，2012，10（4）：383-390.

[60] Li A，Yin H，Wang G. Experimental investigation of air distribution in the occupied zones of an air curtain ventilated enclosure [J]. International Journal of Ventilation，2012，11（2）：171-182.

[61] Yin H，Li A. Airflow characteristics by air curtain jets in full-scale room [J]. Journal of Central South University，2012，19（3）：675-681.

[62] Yin H，Li A. Design principle of air curtain ventilation [J]. Lecture Notes in Electrical Engineering，2014，262：307-315.

[63] 张旺达. 竖壁贴附射流及其空气池现象的预测与可视化验证 [D]. 西安：西安建筑科技大学，2005.

[64] 郑坤，韩武松，潘云钢等. 北京市某机关办公建筑暖通空调节能关键技术分析 [J]. 建设科技，2019（5）.

[65] 王国栋. 一种新型通风方式——非等温条件下条缝型送风口形成的竖壁贴附射流通风模式的 2D-PIV 实验研究 [D]. 西安：西安建筑科技大学，2009.

[66] Cho Y，Awbi H B，Karimipanah T. Theoretical and experimental investigation of wall confluent jets ventilation and comparison with wall displacement ventilation [J]. Building and Environment，2008，43（6）：1091-1100.

[67] 崔巍峰. 一种新型通风方式——体热源影响下条缝型送风口形成的竖壁贴附射流通风模式 2DPIV 实验研究 [D]. 西安：西安建筑科技大学，2010.

[68] 邱少辉. 一种新型通风方式——条缝型送风口形成的竖壁贴附射流通风模式的 2DPIV 实验研究 [D]. 西安：西安建筑科技大学，2008.

[69] 尹海国. 条缝型送风口竖壁贴附射流气流组织设计方法研究 [D]. 西安：西

安建筑科技大学，2012.

[70] Cao X，Liu J，Jiang N，Chen Q. Particle image velocimetry measurement of indoor airflow field：A review of the technologies and applications [J]. Energy and Buildings，2014，69：367-380.

[71] 王翔. 圆柱竖壁贴附等温射流特性的 2D-PIV 实验研究 [D]. 西安：西安建筑科技大学，2010.

[72] Hosni M H，Jones B W. Development of a particle image velocimetry for measuring air velocity in large-scale room airflow applications/Discussion [J]. ASHRAE Transactions，2002，108：1164.

[73] 范洁川. 近代流动显示技术 [M]. 北京：国防工业出版社，2002.

[74] 赵宇. PIV 测试中示踪粒子性能的研究 [D]. 大连：大连理工大学，2004.

[75] 秦二伟，刘伟，包欣等. PIV 实验两个重要问题的讨论 [J]. 建筑热能通风空调，2009，28（2）：83-85，76.

[76] 邱少辉，李安桂. 条缝型送风口形成的竖壁贴附射流通风模式研究：送风速度的影响 [J]. 暖通空调，2010，40（1）：101-105.49.

[77] 李祥平. 受限贴附射流特性分析 [J]. 西安建筑科技大学学报（自然科学版），1993，4：413-416.

[78] 刘志永. 方型柱面贴附送风模式气流组织特性及设计方法研究 [D]. 西安：西安建筑科技大学，2016.

[79] Yin H，Li A，Liu Z，et al. Experimental study on airflow characteristics of a square column attached ventilation mode [J]. Building and Environment，2016，109：112-120.

[80] 尹海国，陈厅，刘志永等. 基于方柱面贴附空气幕式送风模式气流组织特性研究 [J]. 暖通空调，2016，46（9）：128-134.

[81] Liu C，Li A，Yang C，et al. Simulating air distribution and occupants' thermal comfort of three ventilation schemes for subway platform [J]. Building and Environment，2017，125：15-25.

[82] 尹海国，李安桂，刘志永，孙翼翔，王瑞乐. 一种方柱壁面贴附式送风用回形等截面均流装置 [P]. 中国专利：105066396B，2017-09-01.

[83] 尹海国，李安桂，刘志永等. 矩形柱面贴附置换通风模式影响因素分析 [J]. 西安建筑科技大学学报（自然科学版），2016，48（4）：593-600.

[84] 李安桂，陶鹏飞，赵玉娇等. 一种圆柱面贴附射流的送风方式 [P]. 中国专利：101988731B，2012-08-08.

[85] 孙翼翔. 圆型柱面贴附送风模式气流组织特性及通风效果研究 [D]. 西安：西安建筑科技大学，2017.

[86] 尹海国，李安桂. 混合通风 VS. 置换通风——竖壁贴附射流通风原理及设计

案例［C］//2013 年全国通风技术学术会议论文集，2013.

［87］ 马仁民. 置换通风的通风效率及其微热环境评价［J］. 暖通空调，1997，4：1-6.

［88］ Etheridge D W，Sandberg M. Building ventilation：theory and measurement ［M］. Chichester：John Wiley & Sons，1996.

［89］ Förthmann E. über Turbulente Strahlausbreitung［J］. Archive of Applied Mechanics，1934，5（1）：42-54.

［90］ Sun D. Theoretical analysis of turbulent flow frictional resistance inside ducts of arbitrary angular cross sections［J］. Journal of Hydrodynamics，1992，（1）：35-45.

［91］ 孙德兴. 高等传热学——导热与对流的数理解析［M］. 北京：中国建筑工业出版社，2004.

［92］ Prandtl L. Bemerkungenzur Theorie der freienTubulenz，ZAMM，1942（22）：241-243.

［93］ Glauert M B. The wall jet［J］. Journal of Fluid Mechanics，1956，1（6）：625-643.

［94］ 张华. 室内受限射流通风流场理论分析与求解［D］. 西安：西安建筑科技大学，2011.

［95］ Verhoff A. The two-dimensional turbulent wall jet without an external free stream［M］. Princeton University，Princeton，USA，1963.

［96］ Schwarz WH，Cosart WP. The two-dimensional turbulent wall jet［J］. Journal of Fluid Mechanics，1961，10（4）：481-495.

［97］ Eckert H U. Simplified treatment of the turbulent boundary layer along a cylinder in compressible flow［J］. Journal of the Aeronautical Sciences，2015，19（1）：23-28.

［98］ Rodi，Wolfgang. Turbulent buoyant jets and plumes［M］. New York：Pergamon Press，1982.

［99］ Pera L，Gebhart B. On the stability of laminar plumes：Some numerical solutions and experiments［J］. International Journal of Heat and Mass Transfer，1971，14（7）：975-984.

［100］ Mollendorf J C，Gebhart B. An experimental and numerical study of the viscous stability of a round laminar vertical jet with and without thermal buoyancy for symmetric and asymmetric disturbances［J］. Journal of Fluid Mechanics Digital Archive，1973，61（02）：367-399.

［101］ 平浚. 射流理论基础及应用［M］. 北京：宇航出版社，1995.

［102］ 陈厅. 曲率效应对圆柱贴附通风模式气流组织特性影响的研究［D］. 西安：

西安建筑科技大学，2018.

[103] 李安桂，尹海国，陶鹏飞，李鑫．一种出风均匀且风口可调式静压箱［P］．中国专利：101988732B，2012-07-25.

[104] Hanzawa H，Melikov A K，Fanger P O．Airflow characteristics in the occupied zone of ventilated spaces［J］．ASHRAE transactions，1987，93（1）：524-539.

[105] JG/T 20—1999．空气分布器性能试验方法［S］．北京：中国标准出版社，1999.

[106] 吴瑞．不同柱体布局模式下圆柱贴附通风气流组织特性研究［D］．西安：西安建筑科技大学，2019.

[107] Yin H，Wu R，Chen T，et al．Study on ventilation effectiveness of circular column attached displacement ventilation mode［J］．Procedia Engineering，2017，205：3511-3518.

[108] 刘旺兴．竖壁贴附送风方式室内热源及障碍物影响的研究［D］．西安：西安建筑科技大学，2016.

[109] 杨长青．基于不同热源组合与热分层高度的热压自然通风研究［D］．西安：西安建筑科技大学，2019.

[110] 曹雅蕊．人体运动对竖壁贴附送风模式室内气流分布的影响［D］．西安：西安建筑科技大学，2016.

[111] 章曲，谷林．人体工程学［M］．北京：北京理工大学出版社，2009.

[112] GB/T 13547—1992．工作空间人体尺寸［S］．北京：中国标准出版社，1992.

[113] 韩亚丽，王兴松．人体行走下肢生物力学研究［J］．中国科学：技术科学，2011，41（5）：592-601.

[114] 章熙民，任泽霈，编著．传热学（第四版）［M］．北京：中国建筑工业出版社，2001，12.

[115] W M 罗森诺 等．传热学基础手册（上册）．齐欣译．北京：科学出版社，1992.

[116] Schlichting H，Gersten K．Boundary-layer theory［M］．Singapore：Springer，2016.

[117] 李安桂，侯义存，要聪聪．一种适用于变工作区贴附气流组织环境保障方法及装置［P］．中国专利：107702305B，2019-03-22.

[118] 李安桂，刘旺兴，要聪聪，曹雅蕊，尹海国．竖壁贴附射流加导流板呼吸区送风气流组织 CFD 及试验研究［J］．西安建筑科技大学学报（自然科学版）．2016，48（5）：738-744.

[119] 邹月琴，王师白，彭荣等．分层空调气流组织计算方法的研究［J］．暖通空

调，1983，（2）：1-6，19.

[120] 杨静. 基于最速降线曲面、斜面等贴附射流送风模式的适用性模拟 ［D］. 西安：西安建筑科技大学，2017.

[121] Li A，Hou Y，Yang J. Attached ventilation based on a curved surface wall ［J］. Building Simulation，2019.

[122] 李安桂，李明明. 小微空间通风空调贴附式气流组织的有效性研究 ［J］. 西安建筑科技大学学报（自然科学版），2016，48（1）：115-121.

[123] Reese T A. Crawl space ventilation system：U. S. Patent 6，958，010 ［P］. 2005-10-25.

[124] 李安桂，陶鹏飞，赵玉娇，尹海国. 一种适用于胶囊旅馆的射流撞击式送风方法 ［P］. 中国专利：102200332A，2011-09-28.

[125] 李安桂，王翔，高然. 一种可调式座椅末端空气调节送风装置 ［P］. 中国专利：101836801B，2012-05-23.

[126] 尹海国，李安桂，刘志永，孙翼翔，陈厅. 一种适用于列车软卧包厢的双贴附组式送风方法及装置 ［P］. 中国专利：105460034B，2018-01-12.

[127] Mujan I，Anđelković A S，Munćan V，et al. Influence of indoor environmental quality on human health and productivity-A review ［J］. Journal of Cleaner Production，2019，217：646-657.

[128] 胡平放. 建筑通风空调新技术及其应用 ［M］. 北京：中国电力出版社，2010.

[129] 黄晨，李美玲. 大空间建筑室内垂直温度分布的研究 ［J］. 暖通空调，1999，29（5）：28-33.

[130] 邹月琴，王师白，彭荣，杨纯华. 高大厂房分层空调负荷计算问题 ［J］. 制冷学报 1983（4）：51-58.

[131] Nielsen P V. Analysis and design of room air distribution systems ［J］. HVAC&R Research，2007，13（6）：987-997.

[132] Yuan X，Chen Q，Glicksman L R. Models for prediction of temperature difference and ventilation effectiveness with displacement ventilation ［J］. ASHRAE transactions，1999，105：353.